人口と感染症の数理

年齢構造ダイナミクス入門

ミンモ・イアネリ／稲葉 寿／國谷紀良──［著］

東京大学出版会

Mathematical Theory of Age-Structured Population Dynamics
Mimmo IANNELLI, Hisashi INABA and Toshikazu KUNIYA
University of Tokyo Press, 2014
ISBN978-4-13-061309-5

はじめに

　本書の内容は，年齢構造を考慮した人口・生物個体群ダイナミクスの数学的理論を主題として，これまで筆者らがおこなった講義，セミナー，討論に基づいている．この分野は，過去30年以上にわたる筆者らの研究上の関心対象であると同時に，数理生物学における主要な研究分野の1つでもある．

　最近20年間におけるこの分野の発展はまことに著しいが，そのことは，この理論への，特別な予備知識を前提としない自己充足的な記述を与えようとした筆者の一人（イアネリ）の最初の試み (*Mathematical Theory of Age-Structured Population Dynamics* [97]) において示された入門的アプローチに影響を与えるものではない．実際，同書において提起された入門的アプローチは，数学的冗長さをいとわずに，基本的なモデルの諸側面を1つの理論（再生積分方程式）へ翻訳しようとするものであり，この分野を学ぼうとする学生や研究者に，いまだ歓迎されている．積分方程式に基づいた直接的なアプローチは，半群理論に基づいた抽象的アプローチによって効果的に補完されるべきではあるが，まずは直感的に理解しやすく，無限次元力学系を扱わないですむ前者から研究を開始するのが適切であろう．後者の抽象的アプローチは筆者の一人（稲葉）の『数理人口学』([113]) において若干紹介されているが，[97] で示された方法や数学的道具と密接に関連している．

　イアネリによるテキスト ([97]) をベースに，その後の発展を考慮した各種のノートやコメントによって内容を補完し，文献をアップデートした新しい日本語版を作成するという筆者らの今回の協同プロジェクトの意図は，日本の学生や若い研究者のために基礎的な入門書を提供して，構造化個体群ダイナミクスというきわめて興味深い分野，数学の挑戦的分野への扉を開けてみせることに他ならない．本書は著者等によるテキスト ([113], [207], [209]) とともに，より高度な内容の文献を読むための最初のステップとなるであろう．

　最後になりますが，本書の構想を支持して，出版に至るまでご努力をいただ

いた東京大学出版会の丹内利香さんに，この場を借りて深く感謝いたします．

ミンモ・イアネリ，稲葉 寿，國谷紀良
2014 年 1 月

目 次

はじめに .... *iii*

関数空間の記号について .... *viii*

序章 *1*

第 1 章　線形理論の基礎 *5*
 1.1 基本パラメータの導入 *6*
 1.2 ロトカ–マッケンドリック方程式 *9*
 1.3 再生方程式 *12*
 1.4 ロトカ–マッケンドリック方程式の解析 *14*
 1.5 漸近挙動 *19*
 1.6 著者ノート *27*

第 2 章　線形理論の諸発展 *29*
 2.1 年齢プロファイル *29*
 2.2 時間に依存する動態率 *36*
 2.3 強および弱エルゴード性 *43*
 2.4 最大年齢が無限大の場合 *46*
 2.5 著者ノート *48*

第 3 章　非線形モデル *51*
 3.1 一般的な非線形モデル *53*
 3.2 存在と一意性 *54*
 3.3 平衡解の探索 *60*
 3.4 単一のサイズをもつアリー・ロジスティックモデル *62*

3.5	2つのサイズをもつモデル	67
3.6	著者ノート	70

第4章　平衡点の安定性　　72

4.1	定義と仮定	72
4.2	基礎特性方程式	74
4.3	安定性と不安定性	80
4.4	特性方程式に関するいくつかの結果	83
4.5	アリー・ロジスティックモデル再論	88
4.6	分岐	94
4.7	著者ノート	96

第5章　大域的挙動　　100

5.1	モデルのある特殊なクラスへの一般的アプローチ	100
5.2	純粋なロジスティックモデル	105
5.3	分離可能モデル	109
5.4	最大年齢が無限大の場合	115
5.5	著者ノート	120

第6章　年齢構造をもつ人口における感染症流行　　122

6.1	感染症流行の一般的モデル	126
6.2	S-I-S モデルのエンデミック定常状態	130
6.3	世代内感染の場合の漸近挙動	139
6.4	著者ノート	145

第7章　感染症流行における感染年齢構造　　148

7.1	ケルマック–マッケンドリックモデル	149
7.2	システムの単純化	151
7.3	解の挙動	154
7.4	感染力の構造について	160
7.5	人口動態の導入	162

7.6 エンデミックな定常状態 *167*
7.7 著者ノート *170*

付録 **A** ラプラス変換 *173*
  A.1 定義と性質 *173*
  A.2 逆変換公式 *174*
  A.3 原関数の漸近挙動 *176*

付録 **B** 積分方程式論 *178*
  B.1 線形理論 *178*
  B.2 ペーリー–ウィーナーの定理 *181*
  B.3 非線形摂動の1つのクラス *184*

演習問題の略解 *186*

参考文献 *193*

索 引 *205*

第2刷の追加文献

[207] M. Iannelli and F. Milner (2017), *The Basic Approach to Age-Structured Population Dynamics: Models, Methods and Numerics*, Lecture Notes on Mathematical Modelling in the Life Sciences, Springer.

[208] H. Inaba (2016), Endemic threshold analysis for the Kermack–McKendrick reinfection model, *Josai Mathematical Monographs*, **9**, 105-133.

[209] H. Inaba (2017), *Age-Structured Population Dynamics in Demography and Epidemiology*, Springer, Singapore.

[210] H. Inaba (2019), The basic reproduction number R_0 in time-heterogeneous environments, *J. Math. Biol.* **79**, 731-764.

関数空間の記号について

本書で現れる関数解析の基礎的事項については，邦書ではたとえば黒田 [135] などを参照されたい．以下で関数空間の記号の定義を与えておく．Ω を $\mathbb{R}^n$ の開集合とする．

1. $C^m(\Omega)$: Ω 上で m 階連続的微分可能な関数の全体.
2. $C_B(\Omega;\mathbb{R}^n)$: Ω 上で $\mathbb{R}^n$ 値有界連続な関数の全体．$u \in C_B(\Omega;\mathbb{R}^n)$ のとき，そのノルムを $|u|_\infty := \sup_{x\in\Omega} |u(x)|$ とする．
3. $C_0([0,\infty);\mathbb{R}^n)$：無限遠でゼロになる $\mathbb{R}_+$ 上の $\mathbb{R}^n$ 値連続関数の全体．
4. $L^p(\Omega)$ ($1 \leq p < \infty$): Ω 上の可測関数 u で，
$$|u|_{L^p} = \left(\int_\Omega |u(x)|^p\right)^{1/p} < \infty$$
を満たすもの全体の集合において，ほとんど至るところ一致する関数を同一視することで得られる線形空間は，$|\cdot|_{L^1}$ をノルムとするバナッハ空間（完備ノルム空間）になる．この空間を $L^p(\Omega)$ で表す．
5. $L^\infty(\Omega)$: Ω 上で本質的に有界な可測関数全体の集合において，ほとんど至るところ一致する関数を同一視することで得られる線形空間は，$|u|_{L^\infty} = \operatorname{ess\,sup}_{x\in\Omega} |u(x)|$ をノルムとするバナッハ空間になる．この空間を $L^\infty(\Omega)$ で表す．
6. $L^1_{\mathrm{loc}}(\Omega)$: Ω の任意のコンパクト集合上で可積分である関数の全体の集合．
7. $W^{m,p}(\Omega)$ ($1 \leq p \leq \infty$): $u \in L^p(\Omega)$ であって，u は L^p の意味で m 階微分可能（弱微分可能）であるとき，関数 u のなす集合．
8. $W^{m,p}_{\mathrm{loc}}(\Omega)$: Ω の任意のコンパクト集合上で L^p の意味で m 階微分可能である関数の集合．

序章

　人口 (population)[1])をモデル化する際の最初のステップは，当該人口を内的に均質な部分人口に分割して各部分人口集団を指示するような変数を考え，それらの変数を用いて記述される部分人口集団間の相互作用として全体のダイナミクスを記述することである．

　それゆえ，モデル化されるべき現象に応じて，人口は1つの構造を与えられるが，その構造は，もしそれが存在しなければ，すなわちその構造を決定するパラメータに関してその人口が均質であるとみなされる場合には発生しないような現象の要因に他ならない．

　年齢 (age) は人口を構造化するもっとも自然で重要なパラメータの1つである．実際，人口を記述する変数の多くは，個体のレベルにおいては，厳密には年齢に依存している．というのも，年齢が異なれば再生産力や生存能力，また行動は異なってくるからである．これまで長年の間，年齢構造への関心は人口学 (Demography) の分野においてのみ見られるだけであったが，いまやそれは生態学，疫学，細胞学などの諸分野においても基本的な役割を果た

[1) 本書で扱う数理モデルは生物個体群一般に適用可能である．動植物ばかりでなく，細胞やウィルスも対象となる．実際，マッケンドリック方程式 ([151]) は細胞モデルとして再発見されている ([197])．さらに無生物，資本，工業製品などでも年齢構造 (vintage structure) を考えれば応用可能となる．分析の基本となる再生積分方程式は工業製品の経年劣化に伴う部品取り替え問題 (industrial replacement) の基本方程式でもある．しかし対象を使い分けるのは煩瑣であるから，本書では一貫して population をヒト集団 (human population) を対象とするかのように「人口」と記しておく．ただしとくに生物一般を意識した場合は「個体群」と書くこともある．

すようになってきている．

　年齢別に個人をグループ化したデータを載せている人口学的文献は，非常に古い時代に見いだすことができる[2]．年齢構造を考察している最初の人口モデルはフィボナッチ (Fibonacci) と呼ばれたレオナルド・ピサノ (Leonardo Pisano) による有名な算術書 *Liber Abaci* (1228) に表れているもののようである．実際，有名なフィボナッチ数列を生成するウサギの個体群増加問題においては，ウサギはその出生から 2 カ月後に再生産を開始すると仮定されている．すなわちウサギの出産は年齢（月齢）依存である[3]．

　この例は，人口を考える際に年齢構造の問題が自然に発生することを示している．しかし，本書で提示しようとしている理論は最近のものであり，個体群ダイナミクスの基礎的なモデルに由来するものである．後者は内的に均質な，異なった種間の相互作用を考察するものであり，年齢構造の効果を示すためにわれわれの参照基準となるべきものである．それゆえ，必要に応じてこの比較すべきモデルを思い出すことにしよう．

　あらゆる人口モデルのなかでももっとも単純なものはマルサス (T. R. Malthus)[4]の名を冠したマルサスモデルである．18 世紀末に，マルサスは人口の増加に関する有名な著作 ([149]) において，人口は時間とともに指数関数的に増大し，想像しうるあらゆる破局的な結果をもたらすと予言した．

　このモデルを紹介するために，1 つの均質な人口を考える．すなわちこの人口に含まれるあらゆる個人は同質的であり，ここで扱うべき変数は時間の関数としての個体数 $P(t)$（全人口数）のみであると仮定する．

　さらに，その人口は資源の制約のない不変な居住環境において孤立して生きているものと仮定する．それゆえ人口は一定の出生率と死亡率に従うことになる．これらをそれぞれ β, μ（その差 $\alpha = \beta - \mu$ は，通常その人口の**マルサスパラメータ**とよばれる）とすれば，人口成長は以下の方程式で支配される．

---

[2] [105] を見よ．ここでは石器時代，青銅器時代，ローマ時代の例が引用されている．
[3] 個体群動態学 (population dynamics) の歴史的側面に関しては，[10], [131] を参照されたい．
[4] Thomas Robert Malthus, 1766–1834. 英国の経済学者．

$$\frac{d}{dt}P(t) = \beta P(t) - \mu P(t) = \alpha P(t)$$

$$P(t) = P(0)e^{\alpha t}$$

まず第1章において，マルサスモデルに厳密に類似したモデルを導入することで年齢構造ダイナミクス理論をスタートさせる．

　本書の目標は，年齢構造をもつ人口の基礎的理論と，関連する数学的方法を提示することである．本書の意図するところは，この理論への入門を与えることであるから，興味深い多くのトピックスにふれることができなかった．一方，入門書として必要な内容はできる限り取り入れるように試みた．すなわち，読者が先へ進んで，さらに洗練された数学的手法をもちいて現下の諸問題にとりかかることができるように理論の本質的部分を提示するべくつとめた．

　本書の前半（第1–5章）では，単一種モデルに焦点をあてて解説する．ついで後半の2つの章（第6, 7章）では簡単な感染症疫学モデルを説明する．実は，相互作用する種ないし多数グループの力学に関する理論は注目に値する対象ではあるが，入門書としての性格から，本書はそのすべてを無視している（たとえば [25], [41], [44], [47], [76], [154], [171], [172] を参照）．またこの理論のサイズ構造化個体群への直接的な拡張（[154]）や，年齢構造化個体群の拡散問題（[24], [75], [78], [81], [82], [138], [139]）も考察しなかった．さらにこの問題の数値解析にも言及しなかったが，それはある特殊な特徴を示しており，離散モデリングと関連している（[48], [63], [95], [96], [156]）．

　数学に関しては，ヴォルテラ型積分方程式の理論に基づいた直接的な方法に限定し，この理論に自然で強力な枠組みを与える関数解析的なアプローチは取り上げなかった（[36]–[38], [49], [110], [154], [200]–[202]）．そのため，関数解析的な枠組みのもとで得られた成果のいくつかは証明することができなかった．それらの結果は引用するにとどめている．しかし，はじめに述べたように本書の目的はまさしく「入門」であり，読者をより高度な理論へ導き，生物学的，数学的にさらに進んだ理論へ動機づけることである．実際，抽象的な設定によって提供される諸道具を用いて研究ができるようになるためには，特殊な問題に対する解答を与えることのできる直接的手法に関する十分

な知識を有することが必要である．

　われわれの意図が満たされたのであれば，本書の成果は，古典理論への組織的な紹介であり，かつこの分野における第一歩を提供するということになるだろう．

第1章
線形理論の基礎

　この章で展開する線形理論は，もし年齢が無視できる場合は，序章で言及したマルサスモデルに対応するような理想的な状況に適用される．すなわち，ここではマルサスモデルに非常に類似した状況，**不変の居住環境**のもとにある**孤立**した1つの人口集団を考察する．そのすべての成員は年齢以外は完全に同質的であり，**性差**も存在しないと仮定する[1]．

　出生率 (fertility) と**死亡率** (mortality) は人口成長の本質的なパラメータであるが，上記の現象論的設定によって，それらは時間にも人口サイズにも依存せず，年齢のみの関数となる．

　本章はそのような人口を記述するための古典的な**ロトカ–マッケンドリック方程式** (Lotka–McKendrick equation)[2]の導入と再生方程式によるその分析について解説する．このモデルは，モデルとしてはきわめて単純であるが，

---

　1) ここでは1つの性だけを考えて，女性が女児を，ないしは男性が男児を再生産する過程がモデル化されていると考えてもよい．女性が出産し，男児と女児の生残過程をそれぞれに考えれば，性差を取り入れて線形理論を拡張することは容易であり，それが人口学の基本となる線形モデルである．しかし男女人口の相互作用として性的交渉やペア形成を考慮にいれるためには，必然的に非線形理論が必要となり，それは非常に難しい課題であるため，いまだに満足すべき理論はない．関心のある読者は [102], [113] を参照されたい．

　2) Alfred James Lotka (1880–1949) は米国の人口学者．応用数学，統計学，物理化学など多方面の業績を残したが，数理生物学，数理人口学の創始者のひとりである．生涯の大半を保険会社に属する統計数理専門家として過ごした．Anderson Gray McKendrick (1876–1943) はスコットランドの内科医であったが，数学的能力に優れ，インド在勤中にロナルド・ロス (Ronald Ross) とともに数理疫学の研究を開始した．生物学，医学，疫学における数学モデル導入の先駆者である．

年齢構造ダイナミクスに対する基本的な洞察を与えてくれる．

1.1　基本パラメータの導入

人口の発展は時刻 t におけるその**年齢密度関数** (age density function) によって記述される：

$$p(a,t), \quad a \in [0, a_\dagger], \quad a \geq 0$$

ここで $a_\dagger$ は個体の最大年齢であり，ここでは有限であると仮定する（$a_\dagger = \infty$ である場合についての考察は 2.4 節で若干おこなう）．それゆえ積分

$$\int_{a_1}^{a_2} p(a,t) da$$

は時刻 t における年齢階級 $[a_1, a_2]$ にある人口数を与え，

$$P(t) = \int_0^{a_\dagger} p(a,t) da \tag{1.1.1}$$

は時刻 t における総人口である．

出生率と死亡率については以下のように導入する：

$$\beta(a) \equiv \text{年齢別出生率 (age-specific fertility rate)}$$

これは単位時間当たりに無限小の年齢区間 $[a, a+da]$ にいる 1 個体から生まれる新生児数と定義される．したがって

$$\int_{a_1}^{a_2} \beta(a) p(a,t) da$$

は単位時間当たりに年齢区間 $[a_1, a_2]$ にいる個体から生まれる新生児数を与える．**総出生率** (total birth rate) は

$$B(t) = \int_0^{a_\dagger} \beta(a) p(a,t) da \tag{1.1.2}$$

である．これは単位時間当たりの新生児総数を与える．**粗出生率** (crude birth rate) は $B(t)/P(t)$ で与えられる．

さらに

$\mu(a) \equiv$ **年齢別死亡率** (age-specific mortality rate / force of mortality)

を導入する．これは年齢区間 $[a, a+da]$ にいる個体の死亡率である．**総死亡率** (total death rate) は

$$D(t) = \int_0^{a_\dagger} \mu(a)p(a,t)da \tag{1.1.3}$$

となり，これは単位時間当たりに発生する死亡総数を与える．**粗死亡率** (crude death rate) は $D(t)/P(t)$ で与えられる．

関数 $\beta(\cdot)$ と $\mu(\cdot)$ はもちろん非負である．これらはまた**動態率** (vital rates) とよばれ，決定論的な率であるとみなされるが，実際には統計的に決定される．図 1.1 と図 1.2 は人口統計から得られる，これらの関数の古典的な例を示している．

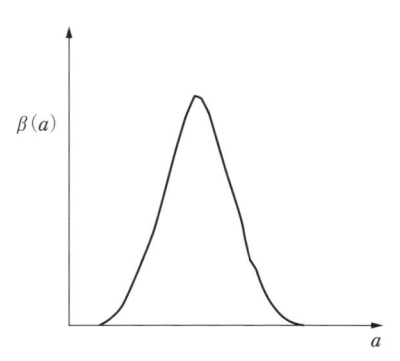

図 1.1 年齢別出生率 $\beta(a)$（日本女性，2004）

その他の有用な量は $\beta(\cdot)$ と $\mu(\cdot)$ から導かれる．たとえば

$$\Pi(a) = e^{-\int_0^a \mu(\sigma)d\sigma}, \qquad a \in [0, a_\dagger] \tag{1.1.4}$$

は**生残率** (survival rate)，すなわち個体が a 歳まで生き延びる確率を与える（図 1.3 参照）．したがって $\Pi(a_\dagger) = 0$ である．さらに関数

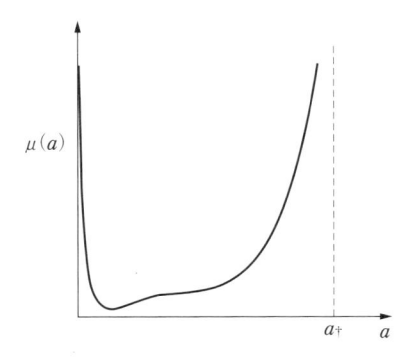

図 1.2　年齢別死亡率 $\mu(a)$ (U.S.A., 1990)

$$K(a) = \beta(a)\Pi(a), \qquad a \in [0, a_\dagger] \tag{1.1.5}$$

は**純再生産関数** (net maternity function) とよばれ，人口ダイナミクスを規定するパラメータ

$$\mathcal{R} = \int_0^{a_\dagger} \beta(a)\Pi(a)da \tag{1.1.6}$$

を与える．これは**純再生産率** (net reproduction rate) とよばれ，1 個体がその再生産期間に産むと期待される新生児数[3]を与える．純再生産率は人口学的な**基本再生産数** (basic reproduction number) であり，通常は R_0 で表されるが，本書では感染症の基本再生産数を $\mathcal{R}_0$，人口学的な基本再生産数（純再生産率）を $\mathcal{R}$ と記すことにする．このパラメータは人口の漸近挙動を議論するさいに重要な役割を果たす．実際，$\mathcal{R} > 1$ であれば人口は増大，$\mathcal{R} < 1$ であれば減少，$\mathcal{R} = 1$ であれば定常となることが期待できるからである．

最後に**寿命** (life expectancy) を考察しよう：

$$L = \int_0^{a_\dagger} \Pi(a)da \tag{1.1.7}$$

これは個体の平均寿命である．このことは，$\mu(a)\Pi(a)$ が，個体が a 歳まで生きて，$[a, a + da]$ で死亡する確率（密度関数）を与えることに注意すればよく理解できる．すなわち

---

[3]　人口統計では，女性が生涯に産むと期待される平均女児数である．

$$L = \int_0^{a_\dagger} a\mu(a)\Pi(a)da$$
$$= -\int_0^{a_\dagger} a\frac{d\Pi(a)}{da}da = -a\Pi(a)\big|_0^{a_\dagger} + \int_0^{a_\dagger} \Pi(a)da = \int_0^{a_\dagger} \Pi(a)da$$

ここで $\Pi(a_\dagger) = 0$ となることを用いた．平均寿命はゼロ歳時平均余命であるが，平均死亡年齢でもある．

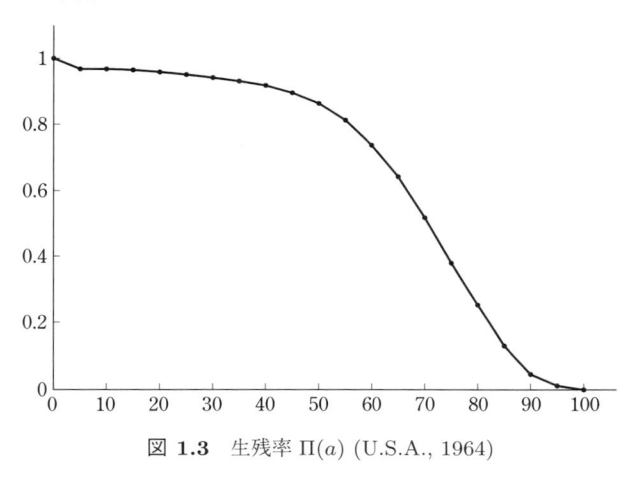

図 **1.3** 生残率 $\Pi(a)$ (U.S.A., 1964)

1.2 ロトカ–マッケンドリック方程式

本節では前節の現象論的仮定のもとで，人口の発展を記述する基本方程式を導く．これらの方程式は時間に沿っての出生と死亡のバランスの結果として現れる．

はじめに関数
$$N(a,t) = \int_0^a p(\sigma, t)d\sigma$$
を考察する．これは時刻 t において年齢 a 歳以下である人口数を表している．このとき $h > 0$ について

$$N(a+h, t+h)$$
$$= N(a,t) + \int_t^{t+h} B(s)ds - \int_0^h \int_0^{a+s} \mu(\sigma)p(\sigma, t+s)d\sigma ds \qquad (1.2.1)$$

となる．実際，(1.2.1) において右辺第 2 項は時間間隔 $[t, t+h]$ におけるすべての新生児数を与えている．これらは年齢 h 歳以下であるから $N(a+h, t+h)$ に含まれるべきである．さらに

$$\int_0^{a+s} \mu(\sigma)p(\sigma, t+s)d\sigma$$

は時刻 $t+s$ において年齢 $a+s$ 歳以下で死亡する人口数であり，(1.2.1) 右辺第 3 項は時間間隔 $[t, t+h]$ における初期人口 $N(a,t)$ と新生児から発生する死亡数を与える．

(1.2.1) を h について微分して $h=0$ とおけば[4]，

$$p(a,t) + \int_0^a p_t(\sigma, t)d\sigma = B(t) - \int_0^a \mu(\sigma)p(\sigma, t)d\sigma \qquad (1.2.2)$$

これより，$a=0$ とおけば，

$$p(0,t) = B(t) \qquad (1.2.3)$$

を得る．(1.2.2) を a について微分すれば

$$\frac{\partial p(a,t)}{\partial t} + \frac{\partial p(a,t)}{\partial a} + \mu(a)p(a,t) = 0 \qquad (1.2.4)$$

したがってわれわれは以下のロトカ–マッケンドリックシステムを得る（(1.1.2) も見よ）．

$$\begin{aligned}&(\text{i}) \quad p_t(a,t) + p_a(a,t) + \mu(a)p(a,t) = 0 \\ &(\text{ii}) \quad p(0,t) = \int_0^{a_\dagger} \beta(\sigma)p(\sigma, t)d\sigma \\ &(\text{iii}) \quad p(a,0) = p_0(a)\end{aligned} \qquad (1.2.5)$$

ここで初期条件 (iii) を追加した．

---

[4] 以下では $p_t = \frac{\partial p}{\partial t}$ などと表す．

システム (1.2.5) はこの章の冒頭で述べた現象論的条件のもとで，単一の人口集団の発展を記述する基本的モデルである．以下では，生物学的な意義があり，かつ (1.2.5) の数学的取り扱いを可能とするような，基本関数 $\beta(\cdot)$ と $\mu(\cdot)$ が満たすと仮定される条件をあげる．

$$\beta(\cdot) \text{ は非負で}, L^\infty(0, a_\dagger) \text{ に属する} \tag{1.2.6}$$

$$\mu(\cdot) \text{ は非負で}, L^1_{\text{loc}}([0, a_\dagger)) \text{ に属する} \tag{1.2.7}$$

$$\int_0^{a_\dagger} \mu(\sigma) d\sigma = \infty \tag{1.2.8}$$

$$p_0 \in L^1(0, a_\dagger), \quad p_0(a) \geq 0, \quad a \in [0, a_\dagger] \tag{1.2.9}$$

ここですでに注意したように $a_\dagger$ は人口の 1 個体が到達しうる最大年齢であり，$a_\dagger < \infty$ と仮定する．条件 (1.2.8) は生残率 $\Pi(a)$ が年齢 $a_\dagger$ でゼロとなるために必要である[5]．

これらの仮定のもとでの問題 (1.2.5) の取り扱いは以下の節で展開されるが，実際には (1.2.5) を直接扱うかわりに，次節で導くように，それをヴォルテラ型積分方程式の問題へと変換する．

モデル (1.2.5) は人口学においては**安定人口モデル** (stable population model) とよばれる．(1.2.4) はマッケンドリック方程式とよばれ，McKendrick [151] によってはじめて導入されたが，Von Foerster [197], Scherbaum and Rasch [175] らによって 1950 年代に細胞モデルとして再発見された．マッケンドリックの業績は長らく忘れられていたため，古い文献ではフォン・フォレスター方程式とよばれている場合が多い．ロトカはもっぱら後述する再生積分方程式を利用しており，偏微分方程式を使用しなかった．さらに人口学者がマッケンドリック方程式を「発見」するのは，1980 年代に入ってからである ([164])．

---

5) この特異性のために，総死亡率 $D(t)$ が有限になるためには，$p(\cdot, t)$ が可積分という条件だけでは不十分であるが，定理 1.4.2 以下で見るように p_0 を適当に制限しておけば，$t > 0$ でその条件は自然に満たされる．一方，もし $a_\dagger = \infty$ であれば，μ は有界と仮定しても矛盾はないから，$p(\cdot, t)$ は可積分であればよい．

1.3 再生方程式

ここで問題 (1.2.5) の異なった定式を導く．このために以下を導入する：

$$q(a,t) = e^{\int_0^a \mu(\sigma)d\sigma} p(a,t) \qquad (1.3.1)$$

この新しい変数は

$$\begin{array}{rl} \text{(i)} & q_t(a,t) + q_a(a,t) = 0 \\ \text{(ii)} & q(0,t) = B(t) \\ \text{(iii)} & q(a,0) = e^{\int_0^a \mu(\sigma)d\sigma} p_0(a) = q_0(a) \end{array} \qquad (1.3.2)$$

を満たす．もし $B(t)$ が与えられれば，q は帯状領域 $\{a \in [0, a_\dagger], t \geq 0\}$ における 1 階偏微分方程式 (1.3.2)-(i) の解で，半直線 $\{a = 0, t > 0\}$ において境界条件 (1.3.2)-(ii)，また $\{a \in [0, a_\dagger], t = 0\}$ において (1.3.2)-(iii) を満たすものである．それゆえ q は

$$q(a,t) = \phi(a - t)$$

と表すことができ，ϕ は境界条件によって決定される．実際，

$$q(a,t) = \begin{cases} q_0(a-t), & a \geq t \\ B(t-a), & a < t \end{cases}$$

であり，(1.3.1) より，$p(a,t)$ に関して以下の表現を得る：

$$p(a,t) = \begin{cases} p_0(a-t)\dfrac{\Pi(a)}{\Pi(a-t)}, & a \geq t \\ B(t-a)\Pi(a), & a < t \end{cases} \qquad (1.3.3)$$

以上より，(1.3.3) によって出生率 $B(t)$ に関する方程式を導くことができる．事実，(1.3.3) を (1.2.5)-(ii) に代入すれば，$t \leq a_\dagger$ について

$$\begin{aligned} B(t) &= \int_0^{a_\dagger} \beta(a) p(a,t) da \\ &= \int_0^t \beta(a) \Pi(a) B(t-a) da + \int_t^{a_\dagger} \beta(a) \frac{\Pi(a)}{\Pi(a-t)} p_0(a-t) da \end{aligned}$$

さらに $t > a_†$ においては

$$B(t) = \int_0^{a_†} \beta(a)\Pi(a)B(t-a)da$$

したがって $B(t)$ は以下のヴォルテラ型第 2 種積分方程式を満足する：

$$B(t) = F(t) + \int_0^t K(t-s)B(s)ds \tag{1.3.4}$$

$$\begin{aligned}F(t) &= \int_t^\infty \beta(a)\frac{\Pi(a)}{\Pi(a-t)}p_0(a-t)da \\ &= \int_0^\infty \beta(a+t)\frac{\Pi(a+t)}{\Pi(a)}p_0(a)da \end{aligned} \tag{1.3.5}$$

$$K(t) = \beta(t)\Pi(t) \tag{1.3.6}$$

ここで $t \geq 0$ であり，β, Π, p_0 は区間 $[0, a_†]$ の外側ではゼロとなるように拡張されている．

方程式 (1.3.4) は**再生方程式** (renewal equation) あるいは**ロトカの方程式** (Lotka equation) として知られているものである．積分核 $K(t)$ は (1.1.5) で定義された純再生産関数に他ならない．上記の手続きは，形式的なものであるが，(1.3.4) が問題 (1.2.5) と同値であることを示している．実際，(1.3.3)，(1.3.5)，(1.3.6) によって与えられる関係とともに (1.3.4) はこの問題を検討するための主要な道具である．以下の命題は (1.2.6)–(1.2.9) の仮定のもとで，(1.3.4) のいくつかの性質を示すものである．

命題 1.3.1 (1.2.6)–(1.2.9) が満たされているとする．このとき

$K(t)$ は非負であり，かつ
$$K(t) = 0, \quad t > a_†, \quad K \in L^1(\mathbb{R}_+) \cap L^\infty(\mathbb{R}_+) \tag{1.3.7}$$

$F(t)$ は非負であり，かつ $F(t) = 0, \quad t > a_†, \quad F \in C(\mathbb{R}_+) \tag{1.3.8}$

もしさらに

$$p_0 \in W^{1,1}(0, a_†), \quad \mu(\cdot)p_0(\cdot) \in L^1(0, a_†) \tag{1.3.9}$$

であれば，$F \in W^{1,\infty}(\mathbb{R}_+)$ である．

証明 (1.3.7) と (1.3.8) の最初の部分は明らかである．$F \in C(\mathbb{R}_+)$ であることを示すために $t_0 \geq 0$ とすれば

$$F(t) = \int_t^\infty \beta(a)\frac{\Pi(a)}{\Pi(a-t)}(p_0(a-t) - p_0(a-t_0))da$$
$$+ \int_t^\infty \beta(a)\frac{\Pi(a)}{\Pi(a-t)}p_0(a-t_0)da$$

ここで $p_0 \in L^1(\mathbb{R}_+)$ であるから $t \to t_0$ のとき

$$\left|\int_t^\infty \beta(a)\frac{\Pi(a)}{\Pi(a-t)}(p_0(a-t) - p_0(a-t_0))da\right|$$
$$\leq |\beta|_{L^\infty}\int_0^\infty |p_0(a-t) - p_0(a-t_0)|da \to 0$$

それゆえ

$$\lim_{t \to t_0} F(t) = \int_{t_0}^\infty \beta(a)\frac{\Pi(a)}{\Pi(a-t_0)}p_0(a-t_0)da = F(t_0)$$

同様にして条件 (1.3.9) のもとで $F \in W^{1,\infty}(\mathbb{R}_+)$ となることが示される．□

1.4 ロトカ–マッケンドリック方程式の解析

ここでは，問題 (1.2.5) を再生方程式 (1.3.4)–(1.3.6) を考察することによって調べてみよう．はじめに以下の定理を得るが，これは事実上，標準的なヴォルテラ方程式の理論の一部である．ここでは議論を完結したものにするために証明を与える：

定理 1.4.1 (1.2.6)–(1.2.9) が満たされているとき，方程式 (1.3.4)–(1.3.6) は唯一の解 $B \in C(\mathbb{R}_+)$ をもち，すべての t について $B(t) \geq 0$ である．さらに p_0 が (1.3.9) を満たせば，$B \in W^{1,\infty}_{\text{loc}}(\mathbb{R}_+)$ であり，

$$B'(t) = F'(t) + K(t)B(0) + \int_0^t K(t-s)B'(s)ds \tag{1.4.1}$$

となる．

証明 はじめに

$$|K|_{L^1(\mathbb{R}_+)} = \int_0^\infty K(s)ds < 1 \tag{1.4.2}$$

と仮定する．このとき (1.3.4) の解は標準的な逐次代入法によって得られる．

$$\begin{aligned} B^0(t) &= F(t) \\ B^{k+1}(t) &= F(t) + \int_0^t K(t-s)B^k(s)ds \end{aligned} \tag{1.4.3}$$

実際，任意に $T > 0$ をとれば，(1.3.7), (1.3.8) によって $B^k \in C([0,T])$, $B^k(t) \geq 0$ となる．さらに

$$|B^{k+1}(t) - B^k(t)| \leq \int_0^t K(t-s)|B^k(s) - B^{k-1}(s)|ds$$

$$|B^{k+1} - B^k|_{C([0,T])} \leq |K|_{L^1(\mathbb{R}_+)}|B^k - B^{k-1}|_{C([0,T])}$$

したがって (1.4.2) から列 $B^k(t)$ は $[0,T]$ 上で一様に (1.3.4) の解 $B(t)$ に収束して，$B \in C([0,T])$, $B(t) \geq 0$ となる．

解の一意性について見てみよう．$B(t), \bar{B}(t)$ を (1.3.4) の 2 つの解とすれば以下を得る．

$$|B - \bar{B}|_{C([0,T])} \leq |K|_{L^1(\mathbb{R}_+)}|B - \bar{B}|_{C([0,T])}$$

したがって (1.4.2) によって $B(t) = \bar{B}(t)$ となる．さらに p_0 が (1.3.9) を満たす場合，命題 1.3.1 と (1.4.3) によって $B^k \in W^{1,\infty}(\mathbb{R}_+)$ であり，

$$V^k(t) = \frac{d}{dt}B^k(t)$$

とおけば，$V^k \in L^\infty(\mathbb{R}_+)$ である．さらに

$$V^{k+1}(t) = F'(t) + K(t)F(0) + \int_0^t K(t-s)V^k(s)ds \tag{1.4.4}$$

であるから

$$|V^{k+1} - V^k|_{L^\infty(\mathbb{R}_+)} \leq |K|_{L^1(\mathbb{R}_+)}|V^k - V^{k-1}|_{L^\infty(\mathbb{R}_+)}$$

となる．したがって，$V(t) := \lim_{k \to \infty} V^k(t)$ が存在して，積分方程式

$$V(t) = F'(t) + K(t)F(0) + \int_0^t K(t-s)V(s)ds$$

を満たす．この両辺を積分すれば $\int_0^t V(s)ds + F(0)$ が (1.3.4) の解になることがわかるから，$B'(t) = V(t)$ となる．すなわち，列 V^k は $L^\infty(\mathbb{R}_+)$ において $V(t) = \frac{d}{dt}B(t)$ にほとんど至るところで収束する．そこで (1.4.1) は (1.4.4) から従う．

最後に (1.4.2) が満たされない場合は，$\alpha > 0$ を

$$\int_0^\infty e^{-\alpha t} K(t) dt < 1$$

となるようにとる．$\bar{B}(t) = e^{-\alpha t}B(t)$, $\bar{F}(t) = e^{-\alpha t}F(t)$, $\bar{K}(t) = e^{-\alpha t}K(t)$ とおけば，方程式 (1.3.4) は以下の同値な方程式に変換される：

$$\bar{B}(t) = \bar{F}(t) + \int_0^t \bar{K}(t-s)\bar{B}(s)ds$$

ここで $\bar{K}(t)$ は (1.4.2) を満たすから，上記の論法によって解くことができる． □

上記の定理によって，表現 (1.3.3) を用いることで問題 (1.2.5) に関する結果を述べることができる．

定理 1.4.2 (1.2.6)–(1.2.9) および (1.3.9) が満たされると仮定する．また

$$p_0(0) = \int_0^{a_\dagger} \beta(a) p_0(a) da \tag{1.4.5}$$

と仮定し，$B(t)$ は (1.3.4)–(1.3.6) の解であり，$p(a,t)$ は (1.3.3) で定義されるとする．このとき

$$p \in C([0, a_\dagger] \times \mathbb{R}_+), \quad p(a,t) \geq 0, \quad \mu(\cdot)p(\cdot, t) \in L^1(0, a_\dagger), \quad t > 0 \tag{1.4.6}$$

$$\frac{\partial p}{\partial t}(a,t), \frac{\partial p}{\partial a}(a,t) \text{ が, a.e. } (a,t) \in [0,a_\dagger] \times \mathbb{R}_+ \text{ で存在} \quad (1.4.7)$$

となり，問題 (1.2.5) が満足される．さらに $p(a,t)$ は (1.4.6), (1.4.7) の意味で唯一の解である．

証明 (1.4.6), (1.4.7) の証明は定理 1.4.1 に述べられた $B(t)$ の性質からただちに得られるから，(1.4.6) の最後の部分に関わる以下の不等式にのみ注意しよう．

$$\int_0^{a_\dagger} \mu(a)p(a,t)da$$
$$= \int_0^{t\wedge a_\dagger} \mu(a)B(t-a)\Pi(a)da + \int_{t\wedge a_\dagger}^{a_\dagger} \mu(a)p_0(a-t)\frac{\Pi(a)}{\Pi(a-t)}da$$
$$\leq \max_{s\in[0,t]} |B(s)| \int_0^{t\wedge a_\dagger} \mu(a)\Pi(a)da$$
$$\quad + e^{\int_0^{t\vee a_\dagger - t} \mu(\sigma)d\sigma}|p_0|_{C([0,a_\dagger])} \int_{t\wedge a_\dagger}^{a_\dagger} \mu(a)\Pi(a)da$$
$$\leq \max_{s\in[0,t]} |B(s)| + e^{\int_0^{t\vee a_\dagger - t} \mu(\sigma)d\sigma}|p_0|_{C([0,a_\dagger])}$$

ここで $a \vee b = \max(a,b)$ および $a \wedge b = \min(a,b)$ である．また (1.4.5) は $a = t$ に沿って $p(a,t)$ の連続性を保証している．事実，この条件のもとでは，

$$B(0) = \int_0^{a_\dagger} \beta(a)p_0(a)da = p_0(0)$$

である．一意性について言えば，(1.2.5) の解は (1.3.4)–(1.3.6) を満たす $B(t)$ によって (1.3.3) で与えられることをすでに見た．後者の問題の一意性は (1.2.5) の問題の一意性を意味する．□

仮定 (1.3.9) と (1.4.5) のもとで，公式 (1.3.3) がいわゆる古典解を与えることを見たが，実はこの公式はこれらの条件が満たされない場合でも意味がある．実際，(1.3.9) は以下の意味において解を与えるのに十分な条件である．

定理 1.4.3 (1.2.6)–(1.2.9) が満たされているとする．このとき (1.3.3) で定義される $p(a,t)$ は以下の性質をもつ：

$$p(\cdot,t) \in C([0,T]; L^1(0,a_\dagger)), \ p(a,t) \geq 0, \text{ a.e. } (a,t) \in [0,a_\dagger] \times \mathbb{R}_+ \quad (1.4.8)$$

$$|p(\cdot,t)|_{L^1} \leq e^{t|\beta|_{L^\infty}} |p_0|_{L^1} \quad (1.4.9)$$

$$p(a,t) \text{ は } a < t \text{ で連続かつ } t > 0 \text{ で } (1.2.5)\text{-(ii)} \text{ を満たす} \quad (1.4.10)$$

$$\lim_{h \to 0} \frac{1}{h}[p(a+h, t+h) - p(a,t)] = -\mu(a)p(a,t), \text{ a.e. } (a,t) \in [0,a_\dagger] \times \mathbb{R}_+ \quad (1.4.11)$$

証明 (1.4.9) をはじめに示そう．(1.3.5), (1.3.6) から

$$F(t) \leq |\beta|_{L^\infty} |p_0|_{L^1}, \quad K(t) \leq |\beta|_{L^\infty}$$

したがって (1.3.4) から

$$B(t) \leq |\beta|_{L^\infty} |p_0|_{L^1} + |\beta|_{L^\infty} \int_0^t B(s) ds$$

それゆえ，グロンウォールの不等式から

$$B(t) \leq |\beta|_{L^\infty} |p_0|_{L^1} e^{t|\beta|_{L^\infty}} \quad (1.4.12)$$

この評価から (1.3.3) を用いれば

$$|p(\cdot,t)| = \int_0^t B(t-a)\Pi(a) da + \int_0^\infty \frac{\Pi(a+t)}{\Pi(a)} p_0(a) da$$
$$\leq \left(|\beta|_{L^\infty} \int_0^t e^{(t-a)|\beta|_{L^\infty}} da + 1\right) |p_0|_{L^1} = e^{t|\beta|_{L^\infty}} |p_0|_{L^1}$$

(1.4.8) は (1.4.9) から従う．実際，与えられた $p_0 \in L^1(0,a_\dagger)$ に対して列 p_0^n を以下のように選べる：

$$p_0^n \text{ は } (1.3.9), (1.4.5) \text{ を満たし,} \lim_{n \to \infty} |p_0^n - p_0|_{L^1} = 0$$

さらに p^n を p_0^n に対応する (1.2.5) の解とする．このとき $p^n \in C([0,T]; L^1(0,a_\dagger))$ であり，かつ (1.4.9) と線形性により以下が成り立つ：

$$|p^n(\cdot,t) - p(\cdot,t)|_{L^1} \leq e^{t|\beta|_{L^\infty}} |p_0^n - p_0|_{L^1}$$

よって p は列 p^n の空間 $C([0,T];L^1(0,a_\dagger))$ における（一様収束）極限であるから，再び $C([0,T];L^1(0,a_\dagger))$ の要素である．(1.4.10), (1.4.11) を示すのは容易である．□

上記の定理はたとえ初期値 p_0 が非正則であっても，解 $p(a,t)$ はある種の正則性をもつことを示している．評価 (1.4.9) は L^1 ノルムの意味で解 p の初期値 p_0 への連続的依存性（それゆえ well-posedness）を示している．これはこの問題の主要な特徴であり，人口密度 $p(a,t)$ の生物学的な意味に適合している．

1.5 漸近挙動

ここでは出生率 $B(t)$ の漸近挙動を調べよう．すなわち再生方程式 (1.3.4)–(1.3.6) の解の漸近挙動を考えるのであるが，$B(t)$ に関する結果が得られれば，(1.3.3) によって $p(a,t)$ に関する結論を得ることができる．

はじめに (1.4.12) によって，$B(t)$ は（絶対収束の意味で）ラプラス変換可能であることに注意しよう．そして

$$\hat{B}(\lambda) = \frac{\hat{F}(\lambda)}{1-\hat{K}(\lambda)} = \hat{F}(\lambda) + \frac{\hat{F}(\lambda)\hat{K}(\lambda)}{1-\hat{K}(\lambda)} \qquad (1.5.1)$$

ここで $\hat{f}(\lambda)$ は $f(t)$ のラプラス変換[6]を意味する．

そこで $B(t)$ の漸近挙動を $\hat{B}(\lambda)$ の特異性に関係づけるために古典的なラプラス変換法を用いることができる．$K(t)$ と $F(t)$ は $t > a_\dagger$ でゼロとなるから，そのラプラス像 $\hat{F}(\lambda)$, $\hat{K}(\lambda)$ は λ の整関数である．それゆえ，(1.5.1) によって $\hat{B}(\lambda)$ は極だけをもち，それらは方程式

$$\hat{K}(\lambda) = \int_0^\infty e^{-\lambda a}\beta(a)\Pi(a)da = 1 \qquad (1.5.2)$$

の根である[7]．この方程式について以下を得る：

---

[6] ラプラス変換については付録 A 参照．
[7] (1.5.2)（ロトカの特性方程式）は，$K(t)$ が有界な台 (support) をもてば可算無限個の複素根（ロトカの特性根）をもつことが示される（[113]）．

定理 1.5.1　方程式 (1.5.2) はただ 1 つの実根 α^* をもち，それは単根である．$\int_0^\infty K(t)dt < 1$ であるとき，かつそのときのみ $\alpha^* < 0$ となる．その他の (1.5.2) の解については $\Re\lambda < \alpha^*$ となる．帯状領域 $\sigma_1 < \Re\lambda < \sigma_2$ のなかには高々有限個の根しか存在しない．

証明　実関数
$$x \to \hat{K}(x) = \int_0^\infty e^{-xt}K(t)dt, \quad x \in \mathbb{R} \tag{1.5.3}$$
を考える．$K(t) \geq 0$ であるから，これは狭義減少関数である：
$$\lim_{x \to -\infty} \hat{K}(x) = \infty, \quad \lim_{x \to \infty} \hat{K}(x) = 0$$
したがって (1.5.2) はただ 1 つの実根 α^* をもつ．また
$$\left.\frac{d}{dx}\hat{K}(x)\right|_{x=\alpha^*} = -\int_0^\infty te^{-\alpha^* t}K(t)dt < 0$$
であるから α^* は単根である．むろん，$\hat{K}(0) = \int_0^\infty K(t)dt < 1$ のときのみ $\alpha^* < 0$ となる．α を α^* とは異なる根とすれば，
$$\int_0^\infty e^{-\alpha^* t}K(t)dt = 1 = \Re\left(\int_0^\infty e^{-\alpha t}K(t)dt\right)$$
$$= \int_0^\infty e^{-\Re\alpha t}\cos(\Im\alpha t)K(t)dt < \int_0^\infty e^{-\Re\alpha t}K(t)dt$$
したがって，(1.5.3) は狭義単調減少であるから $\Re\alpha < \alpha^*$ を得る．最後に，$|\lambda| \to \infty$ のとき $\hat{K}(\lambda) \to 0$ であるから，帯状領域 $\sigma_1 < \Re\lambda < \sigma_2$ 内に無数の根が存在したとすれば，それらはある有界集合に含まれる．$\hat{K}(\lambda) - 1$ は解析関数で，そのゼロ点が有界集合の中に無数に存在するならば，ゼロ点の集積点をもつことになるが，その場合，一致の定理によって $\hat{K}(\lambda) - 1$ は恒等的にゼロになり，それは矛盾である．□

定理 1.5.2　p_0 が (1.2.9) を満たし，α^* は定理 1.5.1 において定義されたものとする．このとき
$$B(t) = b_0 e^{\alpha^* t}(1 + \Omega(t)) \tag{1.5.4}$$

ここで
$$b_0 \geq 0, \qquad \lim_{t \to \infty} \Omega(t) = 0$$
である.

証明 はじめに (1.5.1) の最後の項を考える. このとき以下が成り立つ:

$$\lim_{|\lambda| \to \infty, \Re\lambda > \delta} \frac{\hat{F}(\lambda)\hat{K}(\lambda)}{1 - \hat{K}(\lambda)} = 0 \qquad (1.5.5)$$

$$\int_{-\infty}^{\infty} \left| \frac{\hat{F}(\sigma+iy)\hat{K}(\sigma+iy)}{1 - \hat{K}(\sigma+iy)} \right| dy < \infty \qquad (1.5.6)$$

ここで $\delta \in \mathbb{R}$ は任意の実数で, $\sigma \in \mathbb{R}$ は直線 $\Re\lambda = \sigma$ 上に (1.5.2) の根が存在しないような実数である. 任意の半平面 $\Re\lambda > \delta$ において

$$\lim_{|\lambda| \to \infty} \hat{K}(\lambda) = \lim_{|\lambda| \to \infty} \hat{F}(\lambda) = 0 \qquad (1.5.7)$$

であるから, (1.5.5) が成り立つ. (1.5.6) については, (1.5.7) が以下を含意していることに注意しよう:

$$m_\sigma = \inf_{y \in \mathbb{R}} |1 - \hat{K}(\sigma+iy)| > 0$$

さらに関数

$$f_\sigma(t) = e^{-\sigma t} F(t), \quad t > 0; \quad f_\sigma(t) = 0, \quad t < 0$$

$$g_\sigma(t) = e^{-\sigma t} K(t), \quad t > 0; \quad g_\sigma(t) = 0, \quad t < 0$$

を定義すれば, (それらは $L^1(\mathbb{R}) \cap L^2(\mathbb{R})$ に属していて) そのフーリエ変換 $f_\sigma^*(y), g_\sigma^*(y)$ は (プランシェレルの定理によって) $L^2(\mathbb{R})$ に属し,

$$\sqrt{2\pi} f_\sigma^*(y) = \hat{F}(\sigma+iy), \quad \sqrt{2\pi} g_\sigma^*(y) = \hat{K}(\sigma+iy)$$

となる. それゆえ

$$\left| \frac{\hat{F}(\sigma+iy)\hat{K}(\sigma+iy)}{1 - \hat{K}(\sigma+iy)} \right| \leq \frac{2\pi}{m_\sigma} |f_\sigma^*(y) g_\sigma^*(y)| \qquad (1.5.8)$$

であるから，シュワルツの不等式によって (1.5.6) が成り立つ．

そこで $\sigma > \alpha^*$ として関数

$$H(t) = \frac{1}{2\pi i} \int_{\sigma-i\infty}^{\sigma+i\infty} \frac{\hat{F}(\lambda)\hat{K}(\lambda)}{1-\hat{K}(\lambda)} e^{\lambda t} d\lambda \tag{1.5.9}$$

を考えると，(1.5.5) と (1.5.6) によってこれは定義され，ラプラス変換

$$\hat{H}(\lambda) = \frac{\hat{F}(\lambda)\hat{K}(\lambda)}{1-\hat{K}(\lambda)}$$

をもつ．結果として (1.5.1) によって以下を得る：

$$B(t) = F(t) + H(t) \tag{1.5.10}$$

最後に α^* 以外の任意の根が直線 $\Re\lambda = \sigma_1$ の左側にあるような $\sigma_1 < \alpha^*$ を考えると，(1.5.5) と (1.5.6) によって，(1.5.9) の積分路を σ から σ_1 に変えることができる．そのとき

$$H(t) = e^{\alpha^* t}(b_0 + \Omega_0(t)) \tag{1.5.11}$$

ここで

$$b_0 = \mathrm{Res}\left[\frac{\hat{F}(\lambda)\hat{K}(\lambda)}{1-\hat{K}(\lambda)}\right]_{\lambda=\alpha^*} = \frac{\int_0^\infty e^{-\alpha^* t}F(t)dt}{\int_0^\infty te^{-\alpha^* t}K(t)dt} \tag{1.5.12}$$

であり，

$$|\Omega_0(t)| = \frac{e^{-\alpha^* t}}{2\pi}\left|\int_{\sigma_1-i\infty}^{\sigma_1+i\infty} \frac{\hat{F}(\lambda)\hat{K}(\lambda)}{1-\hat{K}(\lambda)} e^{\lambda t} d\lambda\right|$$

$$\leq \frac{e^{-(\alpha^*-\sigma_1)t}}{m_{\sigma_1}} |f_{\sigma_1}^*|_{L^2(\mathbb{R})} |g_{\sigma_1}^*|_{L^2(\mathbb{R})} \tag{1.5.13}$$

$b_0 = 0$ となるのはすべての $t \geq 0$ について $F(t) = 0$ となるときに限る．しかしこの場合，(1.3.4) の解は自明解 $B(t) \equiv 0$ である．一方，もし $b_0 > 0$ であれば，(1.5.10), (1.5.11) によって

$$B(t) = b_0 e^{\alpha^* t}\left(1 + \frac{e^{-\alpha^* t} F(t)}{b_0} + \frac{1}{b_0}\Omega_0(t)\right)$$

したがって (1.5.4) が示された. □

b_0 についていくつかコメントしておこう. はじめに $b_0 = 0$ の場合を考えると, 定理の証明ですでに見たように, このケースが起きるのは $F(t) \equiv 0$ の場合だけである. すなわち,

$$\int_0^\infty \beta(a+t) p_0(a) \frac{\Pi(a+t)}{\Pi(a)} da = 0$$

したがって, すべての $t \geq 0$ について

$$\beta(a+t) p_0(a) = 0, \quad \text{a.e.} \quad a \in [0, a_\dagger] \tag{1.5.14}$$

となる場合のみである. (1.5.14) が起きるのは $\beta(\cdot)$ の台が p_0 の台の左側にある場合, すなわちすべての初期人口が再生産期間の上限よりも高齢である場合である. この場合は

$$p(a,t) = \begin{cases} p_0(a-t) \frac{\Pi(a)}{\Pi(a-t)}, & a \geq t \\ 0, & a < t \end{cases} \tag{1.5.15}$$

である. p_0 が恒等的にゼロではない場合でも, $p(a,t)$ の挙動は自明な場合もあるのである. (1.5.14) の条件を満たさない初期データを**非自明なデータ** (non-trivial datum) とよぶ.

もう 1 つの注意点は, (1.5.13) に関係している. 実際,

$$F(t) = \int_0^\infty \beta(a+t) p_0(a) \frac{\Pi(a+t)}{\Pi(a)} da \leq |\beta|_{L^\infty} |p_0|_{L^1}$$

であるから, 以下を得る.

$$b_0 \leq M_0 |p_0|_{L^1}, \quad |f^*_{\sigma_1}|_{L^2(\mathbb{R})} \leq M_0 |p_0|_{L^1} \tag{1.5.16}$$

ここで M_0 は p_0 に独立な定数である. それゆえ, 評価 (1.4.12) は以下のように改善される:

$$|p(\cdot,t)|_{L^1} \leq Me^{\alpha^* t}|p_0|_{L^1} \qquad (1.5.17)$$

ここで M は p_0 に独立な定数である．実際，(1.5.17) は (1.5.16) から従う．というのも $t > a_\dagger$ に対して，

$$p(a,t) = e^{\alpha^*(t-a)}(b_0 + \Omega_0(t-a))\Pi(a)$$

だからである．(1.5.4) はまた

$$B(t) \text{ は恒等的にゼロであるか漸近的に正値である．} \qquad (1.5.18)$$

ということを意味している．それゆえ以下を得る：

命題 1.5.3 $p(a,t)$ を定理 1.4.2 の仮定のもとでの (1.2.5) の解とする．このとき (1.5.4) において $b_0 > 0$ であれば，

$$P(t) = \int_0^{a_\dagger} p(a,t)da > 0, \quad \forall t \geq 0$$

証明 はじめに $q(a,t) = p(a, t+t_0)$, $t \geq 0$ とおこう．このとき $q(a,t)$ は同じ問題 (1.2.5) の解であり，初期条件

$$q(a,0) = p(a,t_0)$$

をもつ．背理法を用いる．ある t_0 で $P(t_0) = 0$ となったとすれば

$$p(a,t_0) = 0, \quad \text{a.e. } a \in [0, a_\dagger]$$

したがって $t \geq t_0$ で

$$p(a,t) = 0, \quad \text{a.e. } a \in [0, a_\dagger]$$

このことは

$$P(t) = 0, \quad \forall t \geq t_0$$

を意味している．ところが $b_0 > 0$ であったから (1.5.18) と (1.5.4) から $P(t)$ は漸近的に正値であり，したがって $P(t_0)$ がゼロになることは不可能である．$\square$

この節を終える前に，(1.5.2) に戻って α^* の意味を議論しよう．この方程式は**ロトカの特性方程式** (Lotka characteristic equation)，α^* は**内的マルサスパラメータ** (intrinsic Malthusian parameter) とよばれている[8]．それらは出生率 $B(t)$ を通じて人口の成長を決定しており，その挙動は定理 1.5.2 で与えられているが，以下のように (1.1.6) で定義された純再生産率と関連している：

$$\begin{aligned} \mathcal{R} > 1 &\iff \alpha^* > 0, \\ \mathcal{R} = 1 &\iff \alpha^* = 0, \\ \mathcal{R} < 1 &\iff \alpha^* < 0 \end{aligned} \quad (1.5.19)$$

$\hat{K}(0) = \mathcal{R}$ であるから，これは定理 1.5.1 の一部である．それゆえパラメータ $\mathcal{R}$ と α^* は正確かつ自然に結びつけられている．

注意 1.1 遺伝学，統計学で有名な R. A. フィッシャーは 1930 年に初版が出たその著 *The Genetical Theory of Natural Selection* ([66]) において**繁殖価** (reproductive value) という概念を提起した．本章の記号を用いれば，a 歳の人口の繁殖価 $v(a)$ は

$$v(a) = v(0) \int_a^\infty e^{-\alpha^*(s-a)} \frac{\Pi(s)}{\Pi(a)} \beta(s) ds$$

と定義される．ただし，$v(0)$ をどのような値にするかについては，任意性がある．$v(a)$ は a 歳の個体が死亡するまで産む子ども数を成長率 α^* で割り引いて総和したものである．このときロトカ–マッケンドリックシステムに従う個体群の**総繁殖価** (total reproductive value)

$$V(t) := \int_0^{a_\dagger} v(a) p(t,a) da$$

は $V(t) = e^{\alpha^* t} V(0)$ というマルサス成長をおこなう．さらに安定年齢分布を $\psi(a) := e^{-\alpha^* a} \Pi(a)$ とすれば，$b_0 = \langle v, p_0 \rangle / \langle v, \psi \rangle$ となることが簡単な計算ですぐにわかる．ただし $\langle f, g \rangle := \int_0^{a_\dagger} f(a) g(a) da$ である．このことか

---

[8] 人口学の伝統においては，**内的自然増加率** (intrinsic rate of natural increase) とよばれるが，簡単に内的増加率とか自然成長率などともよばれる．

ら，$b_0 \neq 0$ という条件は，初期人口の総繁殖価がゼロではない，という意味であることがわかる．また初期人口に加えられた a 歳の単位個体は，漸近的に $v(a)e^{\alpha^* t}/\langle v, u \rangle$ という人口増加を引き起こす．繁殖価は生物学的に興味深い概念であるが，実はロトカ–マッケンドリックシステムの共役システムの固有関数であって，それを用いることでリアプノフ関数を定義して，強エルゴード定理を示すことができる ([162])．驚くべきことに，フィンランドの数学者マッツ・ギレンベルグの調査によれば，繁殖価概念はすでに 18 世紀のオイラーの論文に出ているそうである．

演習 1.1 繁殖価 v は以下の微分方程式を満たすことを示せ：
$$\frac{dv(a)}{da} - \mu(a)v(a) + \beta(a)v(0) = \alpha^* v(a), \quad v(a_\dagger) = 0$$

演習 1.2 ロトカ–マッケンドリックシステム (1.2.5) を変数分離法で解いて，それが $e^{\lambda_j t}\psi_j(a)$ という指数関数解をもつことを示せ．ただし，$\lambda_j \in \mathbb{C}$, $j = 0, 1, 2, \ldots$ は特性方程式 (1.5.2) の根であり，$\psi_j(a) = e^{-\lambda_j a}\Pi(a)$ である．$\lambda_0 = \alpha^*$ とすれば，ψ_0 が安定年齢分布となる．

演習 1.3 特性根 λ_j に対応する関数 v_j を
$$v_j(a) = v_j(0) \int_a^\infty e^{-\lambda_j(s-a)} \frac{\Pi(s)}{\Pi(a)} \beta(s) ds$$
と定義する．このとき
$$\langle v_j, \psi_k \rangle = 0 \quad (j \neq k), \quad \langle v_j, \psi_j \rangle = \int_0^{a_\dagger} a e^{-\lambda_j a} \Pi(a) \beta(a) da$$
となることを示せ．ここで，v_0 が繁殖価に他ならない．

演習 1.4
$$b_0 = \frac{\langle v_0, p_0 \rangle}{\langle v_0, \psi_0 \rangle} = \frac{V(0)}{\langle v_0, \psi_0 \rangle}$$
となることを示せ．

1.6 著者ノート

われわれが関心を抱いている概念やアイディアの痕跡を求めて，遠く過去へさかのぼって調べてみることは楽しいことである．この章でわれわれが提示した理論の起源はフィボナッチのウサギ増殖モデルや，オイラーのモデル ([13] および [64] を見よ) 以来数世紀の歴史があるが，この理論そのものはLotka [143]–[145], [176] の 1911 年の仕事と McKendrick の論文 [151] によって始まり，そのマッケンドリックの論文において，このシステムは本章で示したように定式化されて，再生方程式との関連が強調されている．事実，理論のいくつかの重要な側面はヴォルテラ積分方程式の理論の一部であり，その後 Feller [65] によって明らかにされた．

この年齢構造をもつ人口成長の線形モデルは人口学の基本的な数学的道具であり，1911 年以来広く用いられている．Coale [39], Impagliazzo [105], Keyfitz [129] などのモノグラフはこの理論の基礎を含んでおり，離散的な年齢・時間設定における定式化も行っている．これらのテキストにおいては，この理論の人口学的データへの適用の豊富な例を見いだすことができる[9]．

1974 年以来，この理論にはさらなる関心が寄せられるようになった．年齢構造が集団生態学の文脈において基本的な側面であると認識されるようになったからである ([77], [94], [179] を見よ[10])．その後，数学的な道具も発達してきて，その諸結果はいまや関数解析的な枠組みにおいて設定されてきている．そこでは非線形問題も抽象的発展方程式の方法によって検討されている ([36]–[38], [49], [200]–[202])．（ミンモ・イアネリ）

♣

定理 1.5.2 は 1911 年に Sharpe and Lotka [176] においてはじめて明確に主張されたが，18 世紀に Euler [64] はすでにこの現象に気がついていた．安定人口モデルの前史に関しては [10], [158], [177] などを参照されたい．

---

[9] 数理人口学の古典的な文献は [177] に収録されている．数理人口学のテキストとしては [130], [163] も有用である．離散時間モデルに関しては [28], [46] がくわしい．

[10] 生態学や集団遺伝学における利用については [32], [170] を参照されたい．

安定人口理論の成立にあたっては，シャープ–ロトカの独走だったわけではなく，マルクス経済学への数学的批判で有名なドイツの統計学者フォン・ボルトキェビッチ (L. V. Bortkiewicz) による独自のモデルや，ドイツ統計局のベック (R. Böckh)，ポーランドの人口学者クチンスキー (R. R. Kuczynski) による純再生産率概念などへの貢献も少なくなかったが，もっとも発展性のある定式化をおこなったのがロトカとその協力者だった．この歴史的経緯は，戦前にオーストリア，ドイツへ留学して人口理論を学んだ森田優三によって戦時中に刊行された名著『人口増加の分析』([158]) や，ロトカに愛着の深い経済学者サムエルソンによるロトカ対クチンスキー論争の裁定論文にくわしい ([173])．

　一方，基本定理の最初の数学的に厳密な証明は，Sharpe–Lotka (1911) から 30 年後に Feller [65] において与えられた．そのためシャープ–ロトカ–フェラーの定理とよばれる場合がある．また，その帰結である次章の定理 2.1.3 とともに**人口学の基本定理**ともよばれる．さらに 43 年後に，Webb [201] は作用素半群による証明を与えて，関数解析的アプローチの有効性を示すことで，80 年代以降の研究をリードした．[106], [107] は多状態の安定人口モデルに対して，[90] はベクトル値の再生方程式に関して基本定理を証明している．[162] は共役方程式と相対エントロピーを用いたまったく別の証明を与えている．また次章で扱う弱エルゴード性定理によれば，指数関数解があれば必然的にそれが漸近挙動をきめることがわかる ([108], [113], [122])．ロトカ–マッケンドリックモデルとその基本定理は人口学や感染症疫学における統計指標の解釈に不可欠な理論的枠組みを与えている ([118], [198])．　（稲葉 寿）

第2章
線形理論の諸発展

　この章では線形理論のいくつかの発展を扱う．すなわち，パラメータが時間的に変動する人口の記述に関連する基礎的な問題を取り扱えるように，前章で導入されたモデルのいくつかの側面を議論する．

　2.1 節においては全人口サイズの成長と，年齢分布の時間発展との間の関係を考察する．これは年齢構造を無視した単純なマルサスモデルとの比較を可能とする．2.2 節では動態率が時間とともに変化することを許すようにモデルを修正し，2.3 節でエルゴード性という特別な問題を扱えるように，この新しい状況のもとで漸近挙動を検討する．最後に 2.4 節では最大年齢 $a_\dagger$ が無限大である場合を扱う．

2.1　年齢プロファイル

　この節では前章の問題 (1.2.5) のいくつかの特性を指摘して，解の漸近挙動に関する別の観点からの解釈を与える．以下のような変数を考察し，人口の時間発展を記述しよう：

$$\text{年齢プロファイル (age profile)}: \omega(a,t) = \frac{p(a,t)}{P(t)} \qquad (2.1.1)$$

$$\text{全人口数}: P(t) = \int_0^{a_\dagger} p(a,t) da \qquad (2.1.2)$$

以前の記述は公式

$$p(a,t) = P(t)\omega(a,t) \qquad (2.1.3)$$

によって回復できる．形式的には，(2.1.1) と (1.2.5) によって

$$\omega_t(a,t) + \omega_a(a,t) + \mu(a)\omega(a,t) + \omega(a,t)\frac{1}{P(t)}\frac{d}{dt}P(t) = 0 \qquad (2.1.4)$$

を得る．また (1.2.5) によって

$$\begin{aligned}\frac{d}{dt}P(t) &= \int_0^{a_\dagger} p_t(a,t)da = -\int_0^{a_\dagger} p_a(a,t)da - \int_0^{a_\dagger} \mu(a)p(a,t)da \\ &= -p(a_\dagger,t) + p(0,t) - \int_0^{a_\dagger} \mu(a)p(a,t)da \\ &= \int_0^{a_\dagger}(\beta(a) - \mu(a))p(a,t)da \\ &= P(t)\int_0^{a_\dagger}[\beta(a) - \mu(a)]\omega(a,t)da\end{aligned}$$
$$(2.1.5)$$

ここで $p(a_\dagger,t) = 0$ となることを用いた．(2.1.4) と (2.1.5)，および $P(t)$ と $\omega(a,t)$ の定義を用いれば，以下の 2 組の方程式を得る：

$$\begin{cases}\omega_t(a,t) + \omega_a(a,t) + \mu(a)\omega(a,t) \\ \qquad +\omega(a,t)\int_0^{a_\dagger}[\beta(\sigma) - \mu(\sigma)]\omega(\sigma,t)d\sigma = 0 \\ \omega(0,t) = \int_0^{a_\dagger}\beta(a)\omega(a,t)da, \quad \int_0^{a_\dagger}\omega(a,t)da = 1 \\ \omega(a,0) = \omega_0(a)\end{cases} \qquad (2.1.6)$$

$$\frac{d}{dt}P(t) = \alpha(t)P(t), \quad P(0) = P_0 \qquad (2.1.7)$$

ここで

$$\omega_0(a) = \frac{p_0(a)}{\int_0^{a_\dagger} p_0(\sigma)d\sigma}, \quad P_0 = \int_0^{a_\dagger} p_0(\sigma)d\sigma$$

$$\alpha(t) = \int_0^{a_\dagger}[\beta(\sigma) - \mu(\sigma)]\omega(\sigma,t)d\sigma$$

である．年齢プロファイル $\omega(a,t)$ はそれ自身の方程式を満たし，$P(t)$ を含まない．したがってその発展は初期年齢プロファイル $\omega_0(a)$ によってのみ決定される．ひとたび年齢プロファイルの発展がわかれば，係数 $\alpha(t)$ が計算されて，方程式 (2.1.7) によって全人口 $P(t)$ の挙動を見いだすことができる．$\alpha(t)$ は過渡的なマルサス係数とみなされる．

問題 (2.1.6) をそれ自体として，そしてまた第 5 章で扱ういくつかの発展の観点において取り扱うことは興味深い．明らかに問題 (2.1.6) に関するどのような結果も，問題 (1.2.5) に関して得た諸定理に厳密に依存している．はじめに**自明な初期年齢プロファイル** (trivial initial profiles) を排除せねばならない．これは以下の条件を満たすような，最大再生産年齢より高い年齢において台をもつ ω_0 である（(1.5.14) 参照）．

$$\beta(a+t)\omega_0(a) = 0, \quad \text{a.e. } a \in [0, a_\dagger], \ \forall t \geq 0$$

このとき以下を得る：

定理 2.1.1 ω_0 は非自明であり

$$\begin{cases} \omega_0 \in W^{1,1}(0, a_\dagger), \ \mu(\cdot)\omega_0(\cdot) \in L^1(0, a_\dagger) \\ \omega_0(a) \geq 0, \ \omega_0(0) = \int_0^{a_\dagger} \beta(a)\omega_0(a)da, \ \int_0^{a_\dagger} \omega_0(a)da = 1 \end{cases} \quad (2.1.8)$$

とする．このとき唯一の $\omega \in C([0, a_\dagger] \times \mathbb{R}_+)$ が存在して

$$\begin{cases} \omega_0(a) \geq 0, \ \int_0^{a_\dagger} \mu(a)\omega(a,t)da < \infty, \ \int_0^{a_\dagger} \omega(a,t)da = 1 \\ \frac{\partial \omega}{\partial t}(a,t), \ \frac{\partial \omega}{\partial a}(a,t) \text{ が，a.e. } [0, a_\dagger] \times \mathbb{R}_+ \text{に対して存在} \end{cases} \quad (2.1.9)$$

となり，問題 (2.1.6) を満たす．

証明 (1.2.5) を初期条件 $p_0 = \omega_0$ で考え，$q(a,t)$ を定理 1.4.2 で与えられる解として，

$$\omega(a,t) = \frac{q(a,t)}{\int_0^{a_\dagger} q(\sigma,t)d\sigma} \quad (2.1.10)$$

とおく．ここで右辺の分母は命題 1.5.3 によってゼロとはならない．これが求める解であることは容易に確かめられる．一方，ω を (2.1.9) の意味における (2.1.6) の解であるとして，

$$\alpha(t) = \int_0^{a_\dagger} [\beta(\sigma) - \mu(\sigma)]\omega(\sigma,t)d\sigma \qquad (2.1.11)$$
$$q(a,t) = \omega(a,t)e^{\int_0^t \alpha(s)ds}$$

とおく．ここで $\alpha(t)$ は (2.1.9) によって意味をもつ．q が問題 (1.2.5) の初期条件 $p_0 = \omega_0$ の解であることを示すのは容易であり，したがってまた，この問題の解が一意的であることから解 q は一意的に決定される．さらに (2.1.11) によって

$$\int_0^{a_\dagger} q(\sigma,t)d\sigma = e^{\int_0^t \alpha(s)ds}$$

となるから，$e^{\int_0^t \alpha(s)ds}$ も一意的に決定され，したがって $\omega(a,t)$ も一意的に以下のように決定される：

$$\omega(a,t) = q(a,t)e^{-\int_0^t \alpha(s)ds}$$

これで証明が終わった．□

(1.2.5) と (2.1.6) は厳密に対応しているから，ω の漸近挙動は p に関する以前の結果から得られると期待できる．しかしながら，第 5 章で見るように，(2.1.6) はロトカ–マッケンドリックモデルよりも一般的な非線形モデルの年齢プロファイルダイナミクスをも表しているから，それ自体を検討する価値がある．そこで，問題 (2.1.6) に関する定常問題を考察することから出発しよう：

$$
\begin{aligned}
&\text{(i)} \quad \omega_a(a) + \mu(a)\omega(a) + \omega(a)\int_0^{a_\dagger}[\beta(\sigma)-\mu(\sigma)]\omega(\sigma)d\sigma = 0\\
&\text{(ii)} \quad \omega(0) = \int_0^{a_\dagger} \beta(\sigma)\omega(\sigma)d\sigma \qquad\qquad\qquad (2.1.12)\\
&\text{(iii)} \quad \int_0^{a_\dagger} \omega(\sigma)d\sigma = 1
\end{aligned}
$$

この問題は唯一の非自明な解をもっており，その形態は以下のように決定される．$\omega^*(a)$ を (2.1.12) の解とし，

$$\lambda = \int_0^{a_\dagger} [\beta(\sigma) - \mu(\sigma)] \omega^*(\sigma) d\sigma$$

とおく．(2.1.12)-(i) と (2.1.12)-(iii) から

$$\omega^*(a) = \frac{e^{-\lambda a} \Pi(a)}{\int_0^{a_\dagger} e^{-\lambda \sigma} \Pi(\sigma) d\sigma}$$

を得る．さらに，$\omega^*(a)$ は (2.1.12)-(ii) を満たさねばならないから，λ に関する以下の条件を得る：

$$1 = \int_0^{a_\dagger} e^{-\lambda \sigma} \beta(\sigma) \Pi(\sigma) d\sigma$$

これはロトカの方程式 (1.5.2) に他ならず，すでに扱ったものである．それゆえ $\lambda = \alpha^*$ でなければならず，(2.1.12) の可能な解は

$$\omega^*(a) = \frac{e^{-\alpha^* a} \Pi(a)}{\int_0^{a_\dagger} e^{-\alpha^* \sigma} \Pi(\sigma) d\sigma} \qquad (2.1.13)$$

一方，(2.1.13) で定義される $\omega^*(a)$ は (2.1.12) の解である．これは容易に確かめることができる．単に以下を確かめればよい．

$$\begin{aligned}
\int_0^{a_\dagger} & [\beta(a) - \mu(a)] \omega^*(a) da \\
&= \frac{\int_0^{a_\dagger} \beta(a) e^{-\alpha^* a} \Pi(a) da - \int_0^{a_\dagger} \mu(a) e^{-\alpha^* a} \Pi(a) da}{\int_0^{a_\dagger} e^{-\alpha^* \sigma} \Pi(\sigma) d\sigma} \\
&= \frac{1 + \int_0^{a_\dagger} e^{-\alpha^* a} \frac{d\Pi(a)}{da} da}{\int_0^{a_\dagger} e^{-\alpha^* \sigma} \Pi(\sigma) d\sigma} \\
&= \frac{1 + \left[e^{-\alpha^* a} \Pi(a) \right]_0^{a_\dagger} + \alpha^* \int_0^{a_\dagger} e^{-\alpha^* a} \Pi(a) da}{\int_0^{a_\dagger} e^{-\alpha^* \sigma} \Pi(\sigma) d\sigma} \\
&= \alpha^* \qquad (2.1.14)
\end{aligned}$$

それゆえ以下が証明された：

定理 2.1.2 問題 (2.1.12) は (2.1.13) で与えられる唯一の非自明な解をもつ．

定常解 $\omega^*(a)$ は，初期年齢プロファイル ω_0 が非自明でなければ，$t \to \infty$ における漸近的年齢分布である．事実以下を得る：

定理 2.1.3 ω_0 が非自明であれば

$$\lim_{t \to \infty} \int_0^{a_\dagger} |\omega(a,t) - \omega^*(a)| da = 0 \tag{2.1.15}$$

証明 定理 2.1.1 の証明から，$\omega(a,t)$ は (2.1.10) によって与えられることを思い出そう．さらに定理 1.5.2 によって

$$q(a,t) = q_0 e^{\alpha^*(t-a)} \Pi(a)(1 + \Omega(t-a)), \quad t > a_\dagger$$

ここで $\lim_{t \to \infty} \Omega(t) = 0$ であり，かつ $q_0 > 0$ である．というのも ω_0 は非自明だからである．このとき

$$\omega(a,t) = \frac{e^{-\alpha^* a} \Pi(a)(1 + \Omega(t-a))}{\int_0^{a_\dagger} e^{-\alpha^* a} \Pi(a)(1 + \Omega(t-a)) da}, \quad t > a_\dagger \tag{2.1.16}$$

したがって (2.1.15) が容易に得られる．□

方程式 (2.1.7) に戻って，定常解 $\omega^*(a)$ に対応して $\alpha(t) \equiv \alpha^*$ となることに注意しよう．再び (2.1.16) によって，もし ω_0 が自明でなければ，

$$\lim_{t \to \infty} \alpha(t) = \alpha^* \tag{2.1.17}$$

となることが容易に証明される．それゆえ，年齢分布が定常状態にとどまっていれば，方程式 (2.1.7) は

$$\frac{d}{dt} P(t) = \alpha^* P(t), \quad P(0) = P_0 \tag{2.1.18}$$

となり，全人口は純粋に指数関数的成長をとげる：

$$P(t) = e^{\alpha^* t} P_0$$

さらに一般の場合，ω_0 が自明でなければ，(2.1.17) によって方程式 (2.1.18) は (2.1.7) の極限方程式の役割を演ずる．最後に年齢分布が定常であれば，(2.1.3)

によって，(1.2.5) に対する，いわゆる**持続解** (persistent solution) を得ることを注意しよう：

$$p^*(a,t) = P_0 e^{\alpha^* t} \omega^*(a) \tag{2.1.19}$$

演習 2.1 マルサスパラメータが α^* である安定年齢分布（プロファイル）の平均年齢 $A(\alpha^*)$ とその分散 $\sigma^2(\alpha^*)$ は以下のように定義される：

$$A(\alpha^*) = \int_0^{a_\dagger} a\omega^*(a)da, \quad \sigma^2(\alpha^*) = \int_0^{a_\dagger} (a - A(\alpha^*))^2 \omega^*(a)da$$

このとき，以下を示せ：

$$\frac{dA(\alpha^*)}{d\alpha^*} = -\sigma^2(\alpha^*)$$

したがって安定人口の平均年齢はマルサスパラメータの単調減少関数である．

定常的な年齢プロファイル ω^* は，人口学において**安定年齢分布** (stable age distribution) とよばれる．マルサス的な（指数関数的な）成長を示す人口の年齢分布は，ほとんど安定年齢分布であるといってよい．たとえば，1940 年代までの日本の人口は安定年齢分布であった（図 2.1）．5.3 節で見るように，死亡率が年齢に関して一様な摂動を受けても，年齢プロファイルダイナミクス (2.1.6) は影響を受けない．したがって，安定年齢分布は死亡率変動に関しては影響を受けにくい頑健な構造を有する (quasi-stable)．一方，出生率が

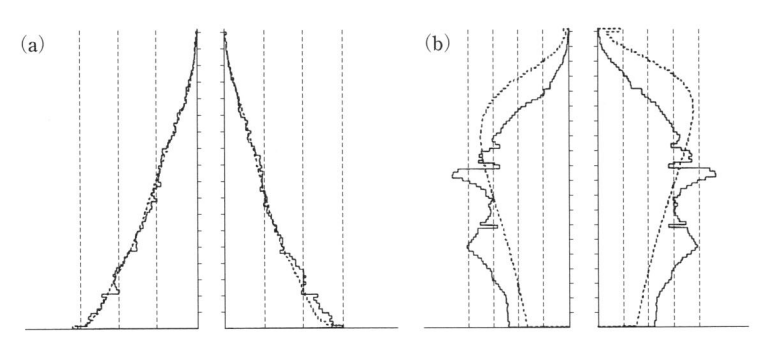

図 2.1 日本の年齢別人口分布（実線）と安定人口分布（点線）((a) 1930 年，(b) 2000 年)．
出典：国立社会保障・人口問題研究所

変化して，マルサスパラメータ α^* が変わると大きな影響を受ける．とくに，出生率が低下してマルサスパラメータが正から負に変われば，安定年齢分布は単調減少関数から後期高齢層に最大値をもつ単峰型関数へと変化するから，年齢構造は非常に高齢化することがわかる．これが，先進諸国における人口高齢化の主要な要因である ([118])．

2.2 時間に依存する動態率

第 1 章において取り扱われたモデルは出生率 $\beta(\cdot)$ と死亡率 $\mu(\cdot)$ が時間とともに変動しないことを仮定していたが，ここでは時間に依存する率 $\beta(a,t)$, $\mu(a,t)$ を考察することによってモデルの拡張を考える．それによって生活条件の絶えざる変動や季節変動による周期的な変動のような環境変動を考慮にいれることができる．また既知と仮定される関数 $m(a,t)$ によって人口移動を導入する．

これらの変更によってモデル (1.2.5) は以下のような**非自律的** (non autonomous) システムに修正される：

$$
\begin{aligned}
&\text{(i)} \quad p_t(a,t) + p_a(a,t) + \mu(a,t)p(a,t) = m(a,t) \\
&\text{(ii)} \quad p(0,t) = \int_0^{a_\dagger} \beta(\sigma,t)p(\sigma,t)d\sigma \\
&\text{(iii)} \quad p(a,0) = p_0(a)
\end{aligned}
\tag{2.2.1}
$$

この問題に関しては，各固定した t について $\beta(\cdot,t)$ と $\mu(\cdot,t)$ は条件 (1.2.6)–(1.2.8) を満たすことを仮定する．さらなる仮定は必要に応じて導入していこう．形式的には (2.2.1) を 1.3 節以下と同様な手続きで取り扱えるから，以下のような (2.2.1) を積分した形式が得られる：

$$
p(a,t) = \begin{cases} p_0(a-t)\Pi(a,t,t) + \int_0^t \Pi(a,t,\sigma)m(a-\sigma,t-\sigma)d\sigma, & a \geq t \\ p(0,t-a)\Pi(a,t,a) + \int_0^a \Pi(a,t,\sigma)m(a-\sigma,t-\sigma)d\sigma, & a < t \end{cases}
\tag{2.2.2}
$$

ここで
$$\Pi(a,t,x) = \exp\left(-\int_0^x \mu(a-\sigma,t-\sigma)d\sigma\right) \quad (2.2.3)$$
であり, $x \in [0, a \wedge t]$ で定義される. (2.2.3) は $t-x$ 時刻に年齢 $a-x$ の個体が, x 年後の時刻 t, 年齢 a まで生残する確率と解釈される.

さらに (2.2.2) によって以下のような出生率 $B(t) = p(0,t)$ に関する積分方程式を得る.
$$B(t) = F(t) + \int_0^t K(t,t-s)B(s)ds \quad (2.2.4)$$

$$K(t,s) = \begin{cases} \beta(s,t)\Pi(s,t,s), & 0 < s \le t \wedge a_\dagger \\ 0, & \text{上記以外の } (t,s) \end{cases} \quad (2.2.5)$$

$$\begin{aligned} F(t) = &\int_0^\infty \beta(a+t,t)p_0(a)\Pi(a+t,t,t)da \\ &+ \int_0^\infty \beta(a,t)\int_0^{t \wedge a} \Pi(a,t,\sigma)m(a-\sigma,t-\sigma)d\sigma da \end{aligned} \quad (2.2.6)$$

ここで β, p_0, Π は定義域外ではゼロとして拡張されている.

それゆえ (2.2.1) の研究は, 畳み込み型でない方程式 (2.2.4) の分析に帰着する. 以下の主要な仮定をおこう:

$$\begin{aligned} &\beta \in C(\mathbb{R}_+, L^\infty(0,a_\dagger)), \quad \mu \in C(\mathbb{R}_+, L^\infty(0,A)), \quad \forall A \in [0, a_\dagger) \\ &m \in C(\mathbb{R}_+, L^1(0,a_\dagger)), \quad p_0 \in L^1(0,a_\dagger) \end{aligned} \quad (2.2.7)$$

これらの仮定は解の存在と一意性を保証する. すなわち以下を得る.

定理 2.2.1 (2.2.7) が満たされれば, 方程式 (2.2.4) は唯一の連続解 $B(t)$ をもつ.

この定理の証明はおこなわない. というのも方程式 (1.3.4) に関する証明と非常に類似しているからである. また表現 (2.2.2) によって得られる (2.2.1) の解についてのコメントも省略する. 移民項 m がゼロでない場合は, [6], [8], [67], [103], [107] などで扱われている. 個体群資源管理における収穫問題 (harvesting problem) では m が負になる.

以下では $m(a,t) \equiv 0$ と仮定して，動態率が時間とともに変化する場合の $B(t)$ の漸近挙動の問題に焦点をあてよう．ここではもっぱら 2 つの特別な場合を検討する．時間とともに動態率が収束傾向を示す場合と，動態率が時間に関して周期的である場合である．

双方の場合について，ある時刻 t において，年齢密度関数 $p(\cdot,t)$ が以下のような自明なデータになるケースを排除しておく．

$$\beta(a+s,t+s)p(a,t) = 0, \quad \text{a.e. } a \in [0,a_\dagger], \ \forall s \geq 0 \qquad (2.2.8)$$

実際この場合は，時刻 t における分布 $p(\cdot,t)$ に対して，それが s 時間後に産む子孫

$$F(s;t) := \int_0^\infty \beta(a+s,t+s)\Pi(a+s,t+s,s)p(a,t)da$$

が $s \in [0,\infty)$ に関して恒等的にゼロになる．このとき人口 $p(\cdot,t)$ はまったく子孫を残さないことになり，時刻 $t+a_\dagger$ で人口は絶滅する．F を積分すると，

$$\int_0^\infty F(s;t)ds = \int_0^\infty S(a,t)p(a,t)da$$

となる．ここで，

$$S(a,t) := \int_0^\infty \beta(a+s,t+s)\Pi(a+s,t+s,s)ds$$

は t 時刻に a 歳である人の（a 歳以降の）コーホート合計出生率である．そこでほとんど至るところの (a,t) に対して $S(a,t) > 0$ であれば，$F(s;t)$ は任意の時刻 t において，s に関しては恒等的にはゼロにならない．そのような条件設定は弱エルゴード性の証明に利用されている（次節定理 2.3.5）．

収束する動態率については以下の結果を得る：

定理 2.2.2 $B(t)$ は (2.2.4)–(2.2.6) の解であるとする．$m(a,t) \equiv 0$ であり，$K^* \in L^\infty(\mathbb{R}_+)$ が存在して，$t > a_\dagger$ では $K^*(t) = 0$ であり，かつ

$$\lim_{t \to \infty} |K(t,\cdot) - K^*(\cdot)|_{L^\infty(0,a_\dagger)} = 0 \qquad (2.2.9)$$

$$\int_0^\infty |K(t,\cdot) - K^*(\cdot)|_{L^\infty(0,a_\dagger)} dt < \infty \tag{2.2.10}$$

であるとする．このとき $B(t)$ は以下のように書ける：

$$B(t) = B^*(t)(b_0 + \Omega(t)) \tag{2.2.11}$$

ここで $b_0 \geq 0$, $\lim_{t\to\infty} \Omega(t) = 0$ であり，$B^*(t)$ は極限方程式

$$B^*(t) = F(t) + \int_0^t K^*(t-s)B^*(s)ds \tag{2.2.12}$$

の解である．

証明 初期条件が (2.2.8) を満たせば (2.2.11) は明らかであるから，$t=0$ では，(2.2.8) は成り立たないと仮定する．$R^*(t)$ を (2.2.12) のレゾルベント核とすれば

$$B^*(t) = F(t) - \int_0^t R^*(t-s)F(s)ds \tag{2.2.13}$$

となる（付録 B 参照）．定理 1.5.2 の結果を適用すれば

$$B^*(t) = b_0^* e^{\alpha^* t}(1 + \Omega_1(t)), \qquad R^*(t) = r_0^* e^{\alpha^* t}(1 + \Omega_2(t)) \tag{2.2.14}$$

となる．ここで $b_0^* > 0$, $r_0^* < 0$ [1]，$\lim_{t\to\infty} \Omega_1(t) = \lim_{t\to\infty} \Omega_2(t) = 0$ であり，α^* は方程式

$$\int_0^{a_\dagger} e^{-\alpha t} K^*(t) dt = 1$$

の唯一の実根である．同時に (2.2.4) は以下のように書ける：

$$B(t) = F(t) + \int_0^t K^*(s)B(t-s)ds + \int_0^t \epsilon(t,s)B(t-s)ds$$

ここで $\epsilon(t,s) = K(t,s) - K^*(s)$ であり，レゾルベント核 $R^*(t)$ を用いれば

---

[1] レゾルベント方程式は $R(t) = -K(t) + \int_0^t K(t-s)R(s)ds$ であるから，$-R(t)$ が (1.3.4) と同じ核をもつ再生方程式を満たす．

$$
\begin{aligned}
B(t) &= F(t) + \int_0^t \epsilon(t,s)B(t-s)ds - \int_0^t R^*(t-s)F(s)ds \\
&\quad - \int_0^t R^*(t-s) \int_0^s \epsilon(s,\sigma)B(s-\sigma)d\sigma ds \\
&= B^*(t) + \int_0^t \epsilon(t,s)B(t-s)ds \\
&\quad - \int_0^t R^*(t-s) \int_0^s \epsilon(s,\sigma)B(s-\sigma)d\sigma ds
\end{aligned}
\tag{2.2.15}
$$

はじめに
$$
|B(t)| \leq Me^{\alpha^* t} \tag{2.2.16}
$$
を示す. (2.2.14) から, 定数 C_∞ を, すべての $t \geq 0$ に対して $C_\infty > e^{-\alpha^* t} B^*(t) + e^{-\alpha^* t}|R^*(t)|$ となるようにとり, $T > a_\dagger$ を十分大にとれば, (2.2.9), (2.2.10) によって
$$
\int_0^{a_\dagger} |\epsilon(t,s)|ds < \frac{e^{-|\alpha^*|a_\dagger}}{4}, \quad t \geq T
$$
$$
\int_T^\infty \int_0^{a_\dagger} |\epsilon(t,s)|dsdt < \frac{e^{-|\alpha^*|a_\dagger}}{4C_\infty}
$$
とできる. $M_{a,b} = \max_{t \in [a,b]} |e^{-\alpha^* t} B(t)|$ とおけば, $t \in [T,\tau]$ に対して,
$$
\begin{aligned}
|e^{-\alpha^* t} B(t)| &\leq |e^{-\alpha^* t} B^*(t)| + e^{|\alpha^*|a_\dagger}(M_{0,T} + M_{T,\tau}) \int_0^{a_\dagger} |\epsilon(t,s)|ds \\
&\quad + C_\infty e^{|\alpha^*|a_\dagger} M_{0,T} \int_0^T \int_0^{a_\dagger} |\epsilon(s,\sigma)|dsd\sigma \\
&\quad + C_\infty e^{|\alpha^*|a_\dagger}(M_{0,T} + M_{T,\tau}) \int_T^\infty \int_0^{a_\dagger} |\epsilon(s,\sigma)|dsd\sigma
\end{aligned}
$$
そこですべての $\tau > T$ について
$$
M_{T,\tau} \leq 2C_\infty + \left(1 + 2C_\infty e^{|\alpha^*|a_\dagger} \int_0^T \int_0^{a_\dagger} |\epsilon(s,\sigma)|d\sigma ds\right) M_{0,T}
$$

これは $e^{-\alpha^* t} B(t)$ が $[0,\infty]$ で有界なこと, すなわち (2.2.16) が成り立つことを意味している.

いま (2.2.9) と (2.2.10) から

$$\left| e^{-\alpha^* t} \int_0^t \epsilon(t,s) B(t-s) ds \right| \leq e^{|\alpha^*| a_\dagger} \int_0^{a_\dagger} |\epsilon(t,s)| ds \to 0, \qquad t \to \infty \tag{2.2.17}$$

であり，また

$$e^{-\alpha^* t} \int_0^t R^*(t-s) \int_0^s \epsilon(s,\sigma) B(s-\sigma) d\sigma ds = \int_0^t r_0^*(1 + \Omega_2(t-s)) g(s) ds$$

である．ここで関数 g は以下で定義され，$L^1(0,\infty)$ に属する：

$$g(s) = e^{-\alpha^* s} \int_0^s \epsilon(s,\sigma) B(s-\sigma) d\sigma$$

というのも

$$|g(s)| \leq M e^{|\alpha^*| a_\dagger} \int_0^{a_\dagger} |\epsilon(s,\sigma)| d\sigma$$

だからである．それゆえ $t \to \infty$ で

$$e^{-\alpha^* t} \int_0^t R^*(t-s) \int_0^s \epsilon(s,\sigma) B(s-\sigma) d\sigma ds \to r_0^* \int_0^\infty g(s) ds \tag{2.2.18}$$

となる．(2.2.17), (2.2.18) を (2.2.15) に代入すれば (2.2.11) を得，かつ

$$b_0 = \left(1 - \frac{r_0^* \int_0^\infty g(s) ds}{b_0^*}\right) \geq 0$$

となる．□

以上の結果は仮定 (2.2.9), (2.2.10) に依存しており，これは核 $K(t,s)$ が $K^*(s)$ に $t \to \infty$ において「急速」に収束することを主張している．これは動態率 $\beta(a,t)$, $\mu(a,t)$ が究極的な率にどのように収束するかについての条件である．

(2.2.11) は十分満足すべきものとはいえないことに注意しよう．というのも $b_0 > 0$ かどうかわからないからである．もし $b_0 = 0$ であれば，(2.2.11) はあまり意味がないが，われわれの証明は b_0 の値についての情報を与えない．

(2.2.8) で注意したように，ここで考えている条件だけでは，途中で人口が絶滅する可能性を排除できないから，$b_0 = 0$ かもしれない．定理 2.2.2 は

$$\lim_{t \to \infty} e^{-\alpha^* t} B(t) = b_0^* - r_0^* \int_0^\infty g(s) ds$$

ということを主張しているだけである．むろん，$\int_0^\infty g(s) ds \geq 0$ となるような条件があれば，$b_0 > 0$ となる．たとえば $K(t, s) \geq K^*(s)$ ならそのようなケースであるが，この条件は時間依存パラメータをもつ人口が，漸近的に正である人口によって下から評価されていることを意味している．弱エルゴード性を保証するような条件のもとでは，関数解析的な証明が [110] に与えられている．このような漸近的に自律的なモデルは**一般化安定人口モデル** (Generalized stable population model) とよばれることもある ([113])．

周期的な動態率については，Thieme [184], [185] による以下の結果がある．

定理 2.2.3 $B(t)$ を (2.2.4)–(2.2.6) の解とする．$m(a,t) \equiv 0$ と仮定し，周期 $T > 0$ が存在して

$$K(t+T, s) = K(t, s), \quad \forall t \geq 0, \quad \forall s \in [0, a_\dagger] \tag{2.2.19}$$

であるとする．このとき方程式

$$b(t) = \int_0^\infty e^{-\alpha s} K(t, s) b(t-s) ds \tag{2.2.20}$$

の唯一の解 $\alpha^* \in \mathbb{R}$ と T-周期解 $b^*(\cdot) \in C(\mathbb{R})$ が存在して，$B(t)$ は以下のように書ける．

$$B(t) = e^{\alpha^* t} b^*(t)(1 + \Omega(t)) \tag{2.2.21}$$

ここで $\lim_{t \to \infty} \Omega(t) = 0$ である．

この証明には本書の目的を越えた諸概念と道具が必要であるから，ここでは省略せざるを得ない．しかしながらこれらの結果をここで提示したのは，定理 2.2.2 と 2.2.3 が次節で議論するエルゴード性の概念の重要な例だからである．

注意 2.1 1984 年のホルスト・ティーメによる周期核をもつ再生方程式の理論は，22 年後に Bacaër and Guernaoui [9] によって掘り起こされて，周期的環境における基本再生産数の定義に利用されることになった．特性方程式 (2.2.20) は，周期関数のなす関数空間上で作用する正積分作用素

$$\Psi(\alpha) : b \to \int_0^\infty e^{-\alpha s} K(t,s) b(t-s) ds$$

が，$\alpha = \alpha^*$ のときに固有値 1 と対応する固有ベクトル $b^*(t)$ をもつことを意味している．そこで $\Psi(0)$ のスペクトル半径を $r(\Psi(0))$ とすれば，

$$\text{sign}(r(\Psi(0)) - 1) = \text{sign}(\alpha^*)$$

であり，$r(\Psi(0))$ が (2.2.1) で表される周期的環境下の人口の基本再生産数 $\mathcal{R}_0$ を与える ([122], [123])．また (2.2.20) は $e^{\alpha^* t} b^*(t)$ が同次再生方程式

$$b(t) = \int_0^\infty K(t,s) b(t-s) ds$$

の指数関数解になることを意味しており，弱エルゴード性によって，任意の正の解は漸近的にこの解に比例するようになることがわかる．この結果は常微分方程式に対するフロケの定理に類似している．

2.3 強および弱エルゴード性

1 つの人口集団の時間的発展に関する主要な原理は，「任意の人口は終局的にはその初期年齢分布を忘却する」という主張である．この現象論的主張は，人口成長を引き起こす特定のメカニズムから独立に成り立つべきである．これは人口の**エルゴード的** (ergodic) 挙動として知られており，正確には**強エルゴード性** (strong ergodicity)，**弱エルゴード性** (weak ergodicity) という 2 つの概念によって定式化される．

実際には「強エルゴード性」という言葉は，伝統的には，固定された動態率の場合に関して用いられ，定理 1.5.2 と 2.1 節に示された結果に対する，1

つの異なった表現に他ならない．事実，定理 2.1.3 と (2.1.17) において，年齢分布 $\omega(a,t)$ とマルサス係数 $\alpha(t)$ はそれぞれ漸近的な（安定年齢）分布 $\omega^*(a)$ と内的増加率 α^* に達することを見たが，それらは初期分布 $p_0(a)$ に独立である．ここで，同様な状況が起こる場合には，この概念を任意の人口に拡張する必要がある．すなわち以下を採用する．

定義 2.3.1 年齢構造をもつ人口は，その年齢プロファイル $\omega(a,t)$ とマルサス係数
$$\alpha(t) = \int_0^{a_\dagger} [\beta(\sigma,t) - \mu(\sigma,t)]\omega(\sigma,t)d\sigma$$
が初期条件 $p_0(a)$ から独立な漸近的極限をもつならば，**強エルゴード的**とよばれる．

この定義はどのような漸近的極限が出現するかについて特定していないから，いまだいささか曖昧であるが，この点はケースバイケースに決定されるべきである．この定義は時間に依存する動態率の場合に適用できる．実際，定理 2.2.2 と 2.2.3 の系として以下の 2 つの定理を得る：

定理 2.3.2 問題 (2.2.1) を考え，$m(a,t) \equiv 0$ と仮定する．さらに動態率は以下を満たすとする：

$$\lim_{t \to \infty} |\beta(\cdot,t) - \beta^*(\cdot)|_{L^\infty(0,a_\dagger)} = 0$$
$$\lim_{t \to \infty} |\mu(\cdot,t) - \mu^*(\cdot)|_{L^1_{\mathrm{loc}}([0,a_\dagger))} = 0$$

さらに再生産関数 $K(t,a)$ は (2.2.10) を満たし，(2.2.11) において $b_0 > 0$ と仮定する．このとき人口は強エルゴード的である．

定理 2.3.3 問題 (2.2.1) を考え，$m(a,t) \equiv 0$ と仮定する．さらに再生産関数 $K(t,a)$ は (2.2.19) を満たすと仮定する．このとき人口は強エルゴード的である．

これらの証明はすでに前節で得られている．定理 2.3.2 に関していえば，(2.2.9), (2.2.10) の仮定のもとで以下を得る：

$$\lim_{t\to\infty} \Pi(a,t,a) = \Pi^*(a) = e^{-\int_0^a \mu^*(\sigma)d\sigma}$$

それゆえ，(2.2.11) によって $L^1(0,a_\dagger)$ における収束の意味で

$$\lim_{t\to\infty}\omega(a,t) = \omega^*(a) = \frac{e^{-\alpha^* a}\Pi^*(a)}{\int_0^{a_\dagger} e^{-\alpha^*\sigma}\Pi^*(\sigma)d\sigma} \tag{2.3.1}$$

であり，

$$P(t) = P_0 e^{\int_0^t \alpha(s)ds} = e^{\alpha^* t}(c_0 + \Omega(t))$$

ここで $c_0 > 0$, $\lim_{t\to\infty}\Omega(t)=0$ である．したがって

$$\lim_{t\to\infty}\frac{1}{t}\int_0^t \alpha(s)ds = \alpha^* \tag{2.3.2}$$

定理 2.3.3 に関しては，(2.2.20), (2.2.21) を用いれば容易に

$$\lim_{t\to\infty}|\omega(\cdot,t)-\omega^*(\cdot,t)|_{L^1} = 0$$

を得る．ここで

$$\omega(a,t) = \frac{B(t-a)\Pi(a,t,a)}{\int_0^{a_\dagger} B(t-\sigma)\Pi(\sigma,t-\sigma,\sigma)d\sigma}$$

$$\omega^*(a,t) = \frac{e^{-\alpha^* a}b^*(t-a)\Pi(a,t,a)}{\int_0^{a_\dagger} e^{-\alpha^*\sigma}b^*(t-\sigma)\Pi(\sigma,t-\sigma,\sigma)d\sigma}$$

であり，この場合も (2.3.2) は成り立つ．極限としての年齢プロファイル ω^* は T-周期的な年齢プロファイルである．

弱エルゴード性の概念へ移ろう．

定義 2.3.4 年齢構造をもつ人口は，その初期条件 $p_0^1(a)$ と $p_0^2(a)$ に対応する年齢プロファイル $\omega^1(a,t), \omega^2(a,t)$ について

$$\lim_{t\to\infty}|\omega^1(\cdot,t)-\omega^2(\cdot,t)|_{L^1} = 0$$

であれば，**弱エルゴード的**であるといわれる．

むろん，強エルゴード性は弱エルゴード性を含意する．しかしながら後者の概念は，人口がその初期年齢分布を忘却するという概念を定式化するのに十分である．

われわれはすでに定理 2.3.2 と 2.3.3 において $p(a,t)$ の極限分布を同定するためには，動態率の何らかの特別な挙動を仮定せねばならないことを見た．一方，弱エルゴード性はシステム (2.2.1) に関する非常に一般的な仮定のもとで主張しうる．これは Inaba [108] によって証明されたが，その方法はここでは紹介できないので，以下の十分条件を紹介するにとどめる：

定理 2.3.5 問題 (2.2.1) を考え，$m(a,t) \equiv 0$ と仮定する．さらに（ある定数 $b > 0$ が存在して）ある区間 $[a_1, a_2]$ において

$$K(t,a) \geq b > 0, \quad (a,t) \in [a_1, a_2] \times [0, \infty)$$

であり，さらに

$$\int_0^{a_\dagger} \beta(a+s, t+s) \Pi(a+s, t+s, s) ds > 0, \quad \text{a.e. } (a,t) \in [0, a_\dagger] \times [0, \infty)$$

となると仮定する．このとき人口は弱エルゴード的である．

2.2 節で示したように，上記の条件下では人口は有限時間で絶滅することはない．後半の条件は年齢上限 $a_\dagger$ 近傍で出生率がゼロでなければ成り立つ[2]．

2.4 最大年齢が無限大の場合

これまでの節で提示された理論はつねに最大年齢 $a_\dagger$ が有限であるということを仮定しており，したがって条件 (1.2.8) が満たされている．この仮定は現実的ではあるが，人口の寿命と比較可能な時間幅を考察する場合には無視することができる．事実，初期の年齢構造を考慮したモデルはこの問題を提起

---

[2] 一見すると，この条件は非常に制約的に見える．現代人は繁殖期の上限を超えて長命だからである．しかし，線形モデルでは，繁殖期までの人口はそれ以降の年齢の人口から影響を受けないから，$a_\dagger$ として再生産年齢の上限をとれば，この条件は満たされる．

することすらなく，年齢は任意の非負値であると仮定され，われわれが与えたのと同様な数学的取り扱いを可能とする何らかの仮定（有限な再生産期間のような）を暗黙のうちにおいていたのである．実は，もし $a_\dagger = \infty$ とすれば，1.5 節の漸近分析を遂行するためには，無限遠における動態率の挙動に関して注意深くならねばならない．本節ではこの問題に深入りしないが，かわりに $a_\dagger = \infty$ の場合，$\beta(a)$ と $\mu(a)$ に特殊な形態を用いれば，再生方程式を常微分方程式システムに変換できることを示そう．

以下を仮定しよう：

$$\beta(a) = \beta_0 a e^{-\rho a}, \quad \mu(a) = \mu_0 \tag{2.4.1}$$

ここで β_0, ρ, μ_0 は正の定数である．このとき再生方程式 (1.3.4) は

$$B(t) = \beta_0 \int_0^t (t-s) e^{-\gamma(t-s)} B(s) ds \\ + \beta_0 e^{-\gamma t} \left(t \int_0^\infty e^{-\rho a} p_0(a) da + \int_0^\infty a e^{-\rho a} p_0(a) da \right) \tag{2.4.2}$$

となる．ここで $\gamma = \rho + \mu_0$ である．ここで補助的な変数を導入する：

$$Q(t) = \beta_0 \int_0^t e^{-\gamma(t-s)} B(s) ds + \beta_0 e^{-\gamma t} \int_0^\infty e^{-\rho a} p_0(a) da \tag{2.4.3}$$

そこで，簡単な計算によって，(2.4.2) は以下のような $(B(t), Q(t))$ に関するシステムに変換される：

$$\begin{aligned} \frac{d}{dt} B(t) &= -\gamma B(t) + Q(t), & B(0) &= \beta_0 \int_0^\infty a e^{-\rho a} p_0(a) da \\ \frac{d}{dt} Q(t) &= \beta_0 B(t) - \gamma Q(t), & Q(0) &= \beta_0 \int_0^\infty e^{-\rho a} p_0(a) da \end{aligned} \tag{2.4.4}$$

そこで以下のような $B(t)$ の表示を得る：

$$B(t) = b_0 e^{\alpha^* t} \left(1 + b_1 e^{-2\sqrt{\beta_0} t} \right) \tag{2.4.5}$$

$$\alpha^* = -\gamma + \sqrt{\beta_0} \tag{2.4.6}$$

ここで b_0, b_1 は $B(0)$, $Q(0)$ に依存する定数である．この場合，基本再生産数は $\mathcal{R} = \beta_0/\gamma^2$ であることに注意しよう．

動態率 (2.4.1) は，これまでの各節の理論に適合しないが，(2.4.5) で与えられる $B(t)$ は前章の (1.5.4) と同じ形態をもつことに注意しよう．$p(a,t)$ については以下のような表現となることにも注意しておこう．

$$p(a,t) = \begin{cases} e^{-\mu_0 t} p_0(a-t), & a \geq t \\ b_0 e^{\alpha^* t}(1 + b_1 e^{-2\sqrt{\beta_0}(t-a)}) e^{(\rho-\sqrt{\beta_0})a}, & a < t \end{cases} \quad (2.4.7)$$

ここで $p_0 \in L^1(0,\infty)$ である．この形式を用いて，年齢分布については以下の諸結果を示すことができる．

$$\sqrt{\beta_0} - \rho > 0 \text{ ならば } \lim_{t \to \infty} \omega(a,t) = \omega^*(a) = (\sqrt{\beta_0} - \rho) e^{-(\sqrt{\beta_0}-\rho)a} \quad (2.4.8)$$

$$\sqrt{\beta_0} - \rho < 0 \text{ ならば } \lim_{t \to \infty} \omega(a,t) = 0 \quad (2.4.9)$$

(2.4.8) の収束は L^1 の意味においてであり，(2.4.9) は各点収束である．この後者の結果は $a_\dagger < \infty$ の場合に比べて変則的なものである[3]．

2.5　著者ノート

この章で示した諸結果は第 1 章の基礎的な線形理論に続くものである．年齢プロファイルと全人口による発展の記述は別の観点から同じ結果をながめたものにすぎないが，エルゴード性や後の章で扱う非線形モデルのいくつかの特別なクラスを扱う際に有効な洞察を与えてくれる．

時間に依存する動態率をもつモデルに関してはこれまで必ずしも十分に研究されてきたとはいえないが，二義的な意味しかもたないというわけではない．この場合に対する最初の注意は Langhaar [137] によって与えられたが，数学的な成果やエルゴード性との関連は 1980 年代以降のものである．後者は人口学において非常に関心をもたれ，離散時間モデルの文脈で多くの関心を

---

3)　$a_\dagger < \infty$ の場合，$\omega(a,t)$ のサイズは一定で，ゼロにはならない．

集めてきた．より包括的な議論が [108] でなされているし，そこに歴史的な注意も見いだせる．実際上，あらゆる状況で適用可能となるエルゴード性の一般的な数学的定義は存在しないようであるから，本書では定義 2.3.1, 2.3.4 において与えられたものを採用し，いくつかの顕著な例を示したのである．定理 2.2.2 および 2.3.5 は Inaba ([108], [110]) による．

最後に $a_\dagger = \infty$ の場合について，漸近解析において起こるいくつかの困難について言及したが，これらは Feller [65] においてはじめて注意され，そこにいくつかの例が示されている．この問題はロトカ–マッケンドリック方程式への関数解析的アプローチの文脈において容易に理解されうる．そのような病理的現象はモデルに対して何らの生物学的意義を付与しないから無視しうるものであるが，2.4 節の例は，$a_\dagger = \infty$ の場合，動態率に関して何らかの特別な構成的仮定をおこなうことで，偏微分方程式モデルを常微分方程式モデルへ還元することができることを示している．この還元は非線形モデルを研究するために組織的に用いられてきた ([76], [79])．この点については第 5 章でもう一度議論する．　（ミンモ・イアネリ）

♣

本章で扱われた弱エルゴード性は，一般に正の線形発展作用素がもつ普遍的な性質である．この点はバーコフによって 1960 年代に束論的立場で深く研究された ([15], [122])．線形積分方程式に現れる弱エルゴード性に対するもっとも古い認識は，トリニティカレッジの数学者であったノートンによる 1928 年の論文「自然選択とメンデル的変異」([161]) に現れている．この論文は 1970 年代にチャールズワースによって発掘されて，メンデル集団の年齢構造化遺伝モデルの解析に利用された ([32])．人口学の世界では，ノートンの結果を知らないまま 1950 年代末期に Alvaro Lopez ([142]) が離散時間モデル（レスリー行列モデル）で弱エルゴード定理を独自に証明している（コール–ロペスの定理；[28], [142], [177]）．ジョエル・コーエンは確率モデルにおける弱エルゴード性定理を示した ([40])．ある種の非自律的非線形系においても弱エルゴード性が成り立つ ([186])．

年齢のとりうる範囲が半無限区間である場合，すなわち $a_\dagger = \infty$ の場合の

数学的に厳密な取り扱いは，Webb [201], [202] にくわしい．2.4 節の議論とは逆に，常微分方程式による個体群モデルは，$a_† = \infty$ であるような年齢構造化個体群モデルとして定式化できることは注意すべきである．すなわち常微分方程式モデルはイベント発生の確率分布がつねに指数分布であるような特殊な年齢構造化モデルといえる．（稲葉 寿）

第3章
非線形モデル

これまでの章で扱った線形モデルはいわゆるマルサスモデルに年齢構造を付加したものであった．それゆえ後者への批判は前者にも適用される．実際，単純なマルサスモデルは，われわれがおいた素朴な仮定が満たされているような，限られた時間における人口増加を追いたいのでなければ，非現実的である．外的な環境の変動を無視したとしても，人口それ自体が生活条件を修正する要因になることを考慮せねばならない．したがって出生率と死亡率は人口規模に依存し，マルサスモデルの線形方程式は非線形方程式

$$\frac{d}{dt}P(t) = \alpha(P(t))P(t)$$

に置き換えられる必要がある．ここで関数 $\alpha(x) : [0, \infty) \to \mathbb{R}$ は人口規模が出生率と死亡率に与える影響を記述する．通常，$\alpha(x)$ は以下の仮定を満たすと想定される：

(i) $\quad \alpha'(x) > 0, \qquad 0 < x < x_0$

(ii) $\quad \alpha'(x) < 0, \qquad \quad x > x_0$

(iii) $\quad \lim_{x \to \infty} \alpha(x) < 0$

ここで $x_0 \geq 0$ は密度依存性が切り替わる臨界的な人口規模であり，もし $x_0 = 0$ なら (ii), (iii) のみが有意味となる．これらの仮定は単一の人口における主要な現象を含んでいる．事実, (i) は**アリー効果** (Allee effect) [1] とよばれ

---

[1] 米国の動物生態学者 Warder Clyde Allee (1885–1955) の提唱した概念．資源制約

るものであり，人口密度が低い場合は，人口規模は人口成長に正の効果をもたらすことを意味している．仮定 (ii), (iii) は，逆に人口密度が高くなると人口規模は人口成長に負の効果を与えるという**ロジスティック効果** (logistic effect) を表している．以下の**フェアフルスト・モデル** (Verhulst model [196])[2)]は**純粋にロジスティック** (purely logistic) な 1 つの例である：

$$\alpha(x) = \alpha_0 \left(1 - \frac{x}{K}\right)$$

このようなモデルでは人口は無限に成長することはない．実際，$P(t)$ はつねに 1 つの定常的な規模に単調に収束する．フェアフルスト・モデルの場合は図 3.1 に示されている．この場合 $P(t)$ はつねに，いわゆる**環境容量** (carrying capacity)K に接近していく．

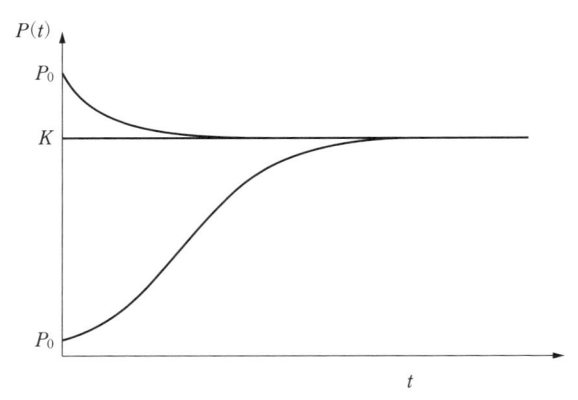

図 **3.1**　フェアフルスト・モデル（ロジスティック曲線）

それゆえ，年齢構造化モデルへ立ち戻ると，人口成長への密度効果を記述するためには，ロジスティック効果やアリー効果のようなメカニズム，すなわち人口動態率が人口それ自体に依存することを考慮にいれなければならな

が問題となる以前は，集団のサイズが大きければ繁殖機会が増加し，かつ天敵からの防御にも効果的であると考えられる．
　2)　Pierre Francois Verhulst (1804–1849) はベルギーの数学者．1838 年にロジスティック方程式を提唱した．

い．しかしここでは年齢構造のために，これらのメカニズムが実現される仕方は非常にさまざまなものがありうる．

この章ではまったく一般の場合と，数学的に扱いやすいいくつかの特別な場合を考察するが，多くの可能なメカニズムを尽くしているわけではない．

3.1 一般的な非線形モデル

単一の人口を考え，出生率と死亡率は年齢分布の異なった重みづけに対応した n 個の変数（サイズ）の組に依存すると仮定しよう．

$$S_i(t) = \int_0^{a_\dagger} \gamma_i(a) p(a,t) da, \quad i = 1,...,n \tag{3.1.1}$$

$\beta(a)$ と $\mu(a)$ は

$$\beta(a, S_1(t),...,S_n(t)), \quad \mu(a, S_1(t),...,S_n(t))$$

と置き換えられ，線形モデル (1.2.5) は以下のように修正される：

$$\begin{aligned}
&p_t(a,t) + p_a(a,t) + \mu(a, S_1(t),...,S_n(t))p(a,t) = 0 \\
&p(0,t) = \int_0^{a_\dagger} \beta(\sigma, S_1(t),...,S_n(t))p(\sigma,t)d\sigma \\
&p(a,0) = p_0(a) \\
&S_i(t) = \int_0^{a_\dagger} \gamma_i(\sigma) p(\sigma,t) d\sigma, \quad i = 1,...,n
\end{aligned} \tag{3.1.2}$$

次節でこの問題に対する解の存在と一意性を主張する一般的定理を与えるが，ここではこの章で用いる β, μ, γ_i に関する仮定を導入する．

$$\forall (x_1,...,x_n) \in \mathbb{R}^n, \quad \beta(\cdot, x_1,...,x_n) \in L^1(0, a_\dagger)$$
$$\mu(\cdot, x_1,...,x_n) \in L^1_{\text{loc}}([0, a_\dagger)) \tag{3.1.3}$$

$$\forall (x_1,...,x_n) \in \mathbb{R}^n, \quad 0 \le \beta(a, x_1,...,x_n) \le \beta_+, \quad \text{a.e. } a \in [0, a_\dagger] \tag{3.1.4}$$

$$\forall (x_1,...,x_n) \in \mathbb{R}^n, \ 0 \le \mu(a, x_1,...,x_n), \quad \text{a.e. } a \in [0, a_\dagger]$$
$$\int_0^{a_\dagger} \mu(\sigma, x_1,...,x_n) d\sigma = \infty \tag{3.1.5}$$

任意の $M > 0$ に対して，定数 $H(M) > 0$ が存在して，もし $|x_i| \le M$, $|\bar{x}_i| \le M$, $i = 1, 2,..., n$, であれば以下が成り立つ：

$$|\beta(a, x_1,...,x_n) - \beta(a, \bar{x}_1,...,\bar{x}_n)| \le H(M) \sum_{i=1}^n |x_i - \bar{x}_i|$$
$$|\mu(a, x_1,...,x_n) - \mu(a, \bar{x}_1,...,\bar{x}_n)| \le H(M) \sum_{i=1}^n |x_i - \bar{x}_i| \tag{3.1.6}$$

$$\gamma_i(\cdot) \in L^\infty(0, a_\dagger), \quad \gamma_i(a) \ge 0, \quad \text{a.e. } a \in [0, a_\dagger] \tag{3.1.7}$$

ここで条件 (3.1.3)–(3.1.5) は変数 x_i を固定した場合，動態率 β, μ が線形モデルの場合の条件を満たすことを意味している．また (3.1.6) によってそれらは $a \in [0, a_\dagger]$ に関して一様に，x_i についてリプシッツ連続である．

3.2 存在と一意性

(3.1.2) の解の存在と一意性は，この問題を積分した形式に不動点定理を用いることによって示される．この形式を導くために，変数 $S_i(t)$ を与えられた t の関数と考えて，(3.1.2) を非自律的な線形問題とみなそう．特性線に沿って積分すれば

$$p(a, t) = \begin{cases} p_0(a-t)\Pi(a, t, t; S), & a \ge t \\ b(t-a; S)\Pi(a, t, a; S), & a < t \end{cases} \tag{3.2.1}$$

となる．ここで S は $(S_1(t),..., S_n(t))$ を意味しており，$C([0, T]; \mathbb{R}^n)$ に属する[3]．さらに

---

[3] ここで $T > 0$ は任意にとって固定しておく．したがって以下の議論によれば大域的な解がはじめから得られる．

$$\Pi(a,t,x;S) = \exp\left[-\int_0^x \mu(a-\sigma, S_1(t-\sigma), ..., S_n(t-\sigma))d\sigma\right] \quad (3.2.2)$$

と定義する[4]．$b(t;S)$ は方程式

$$u(t) = F(t;S) + \int_0^t K(t, t-\sigma; S)u(\sigma)d\sigma \quad (3.2.3)$$

の解である．ここで[5]

$$F(t;S) = \int_t^\infty \beta(a, S_1(t), ..., S_n(t))\Pi(a,t,t;S)p_0(a-t)da$$
$$= \int_0^\infty \beta(a+t, S_1(t), ..., S_n(t))\Pi(a+t,t,t;S)p_0(a)da \quad (3.2.4)$$

$$K(t,\sigma; S) = \beta(\sigma, S_1(t), ..., S_n(t))\Pi(\sigma, t, \sigma; S) \quad (3.2.5)$$

与えられた $S \in C([0,T]; \mathbb{R}^n)$ に対して，関数 $F(\cdot; S)$ は連続であり，2.2節の結果から $b(\cdot; S)$ も連続である．最後に (3.2.1) で定義される関数 $t \to p(\cdot, t)$ は $C([0,T]; L^1(0, a_\dagger))$ に属することに注意しよう．

問題 (3.1.2) の解の存在と一意性を証明するまえに，いくつかの評価を述べておかねばならない．はじめに $S, \bar{S} \in C([0,T]; \mathbb{R}^n)$ について，$|S_i(t)| \leq M, |\bar{S}_i(t)| \leq M, i = 1,...,n, t \in [0,T]$ のとき

$$|\beta(a, S_1(t), ..., S_n(t)) - \beta(a, \bar{S}_1(t), ..., \bar{S}_n(t))| \leq H(M) \sum_{i=1}^n |S_i(t) - \bar{S}_i(t)| \quad (3.2.6)$$

$$|\Pi(a,t,x;S) - \Pi(a,t,x;\bar{S})| \leq H(M) \sum_{i=1}^n \int_{t-x}^t |S_i(\sigma) - \bar{S}_i(\sigma)|d\sigma \quad (3.2.7)$$

となる．このとき以下を得る．

補題 3.2.1 $S, \bar{S} \in C([0,T]; \mathbb{R}^n)$ について，$|S_i(t)| \leq M, |\bar{S}_i(t)| \leq M, i = 1,...,n, t \in [0,T]$ のとき：

---

4) $\Pi(a,t,x;S)$ は S という環境条件のもとで，個体が $t-x$ 時刻，$a-x$ 歳から t 時刻，a 歳まで生残する割合である．

5) 第1章と同様に，$a_\dagger < \infty$ の場合は，β, Π, p_0 等は $a > a_\dagger$ ではゼロとなるように定義域を拡張しておく．

$$b(t;S) \leq \beta_+ e^{\beta_+ t}|p_0|_{L^1} \tag{3.2.8}$$

であり，かつ $L(M) > 0$ が存在して

$$|b(t;S) - b(t;\bar{S})| \leq L(M)|p_0|_{L^1}$$
$$\cdot \sum_{i=1}^{n}\left[|S_i(t) - \bar{S}_i(t)| + \int_0^t |S_i(\sigma) - \bar{S}_i(\sigma)|d\sigma\right] \tag{3.2.9}$$

証明 (3.2.8) を示すためには定理 1.4.3 の証明のように進めばよい．実際，単に $F(t;S) \leq \beta_+|p_0|_{L^1}$, $K(t,\sigma;S) \leq \beta_+$ であることに注意すればよい．(3.2.9) に関しては (3.2.3)–(3.2.7) から以下を得る：

$|b(t;S) - b(t;\bar{S})|$
$\leq \int_t^\infty |\beta(a, S_1(t), ..., S_n(t)) - \beta(a, \bar{S}_1(t), ..., \bar{S}_n(t))|p_0(a-t)da$
$\quad + \beta_+ \int_0^\infty |\Pi(a+t,t,t;S) - \Pi(a+t,t,t;\bar{S})|p_0(a)da$
$\quad + \int_0^t |\beta(\sigma, S_1(t), ..., S_n(t)) - \beta(\sigma, \bar{S}_1(t), ..., \bar{S}_n(t))|b(t-\sigma;S)d\sigma$
$\quad + \beta_+ \int_0^t |\Pi(\sigma,t,\sigma;S) - \Pi(\sigma,t,\sigma;\bar{S})|b(t-\sigma;S)d\sigma$
$\quad + \beta_+ \int_0^t |b(\sigma;S) - b(\sigma;\bar{S})|d\sigma$
$\leq H(M)|p_0|_{L^1} \sum_{i=1}^n |S_i(t) - \bar{S}_i(t)|$
$\quad + \beta_+ H(M)|p_0|_{L^1} \sum_{i=1}^n \int_0^t |S_i(\sigma) - \bar{S}_i(\sigma)|d\sigma$
$\quad + \beta_+ H(M) \int_0^t e^{\beta_+ \sigma}d\sigma |p_0|_{L^1} \sum_{i=1}^n |S_i(t) - \bar{S}_i(t)|$
$\quad + \beta_+^2 H(M)|p_0|_{L^1} \sum_{i=1}^n \int_0^t e^{\beta_+ \sigma} \int_\sigma^t |S_i(\zeta) - \bar{S}_i(\zeta)|d\zeta d\sigma$
$\quad + \beta_+ \int_0^t |b(\sigma;S) - b(\sigma;\bar{S})|d\sigma$

$$\leq 2H(M)(1+\beta_+)e^{\beta_+ T}|p_0|_{L^1}\sum_{i=1}^n\left[|S_i(t)-\bar{S}_i(t)|+\int_0^t|S_i(\sigma)-\bar{S}_i(\sigma)|d\sigma\right]$$
$$+\beta_+\int_0^t|b(\sigma;S)-b(\sigma;\bar{S})|d\sigma$$

それゆえグロンウォールの不等式から，$L(M)=2(1+\beta_+)H(M)e^{2\beta_+ T}$ として (3.2.9) が成り立つ．□

ここで空間 $E=C([0,T];L^1(0,a_\dagger))$ と集合
$$\mathcal{K}\equiv\{q\in E|\ q(a,t)\geq 0,\ |q(\cdot,t)|_{L^1}\leq M\} \tag{3.2.10}$$
を考える．これは E における閉集合である．そこで $q\in\mathcal{K}$ について
$$Q\equiv(Q_1(t),...,Q_n(t)),\quad Q_i(t)=\int_0^{a_\dagger}\gamma_i(a)q(a,t)da \tag{3.2.11}$$
とおき，写像 $\mathcal{F}:\mathcal{K}\subset E\to E$ を
$$(\mathcal{F}q)(a,t)=\begin{cases}p_0(a-t)\Pi(a,t,t;Q), & a\geq t\\ b(t-a;Q)\Pi(a,t,a;Q), & a<t\end{cases} \tag{3.2.12}$$
によって定義する．ここで $p_0\in L^1(0,a_\dagger)$ は固定されている．

問題 (3.1.2) の解の存在と一意性を示すためにこの写像の不動点を求めよう．この目的のため，固定された $p_0\in L^1(0,a_\dagger)$ に対して，M を以下のようにとる：
$$M>e^{\beta_+ T}|p_0|_{L^1} \tag{3.2.13}$$
このとき以下を得る：

補題 3.2.2 (3.2.13) を満たす M を用いて，$\mathcal{K}$ を (3.2.10) で定義すれば，(3.2.11), (3.2.12) で定義される写像 $\mathcal{F}$ は $\mathcal{K}$ をそれ自身のなかに写し，$q,\bar{q}\in\mathcal{K}, t\in[0,T]$ について
$$|(\mathcal{F}q)(\cdot,t)-(\mathcal{F}\bar{q})(\cdot,t)|_{L^1}\leq C(M,T)\int_0^t|q(\cdot,\sigma)-\bar{q}(\cdot,\sigma)|_{L^1}d\sigma \tag{3.2.14}$$

となる．ここで $C(M,T)$ は M, T に依存する定数である．

証明 $q \in \mathcal{K}$ とする．(3.2.1) より $(\mathcal{F}q)(a,t) \geq 0$ であり，(3.2.8) から

$$\int_0^{a_\dagger} (\mathcal{F}q)(a,t)da = \int_0^t b(t-a;Q)\Pi(a,t,a;Q)da$$
$$+ \int_t^{a_\dagger} p_0(a-t)\Pi(a,t,t;Q)da$$
$$\leq \int_0^t b(a;Q)da + \int_t^{a_\dagger} p_0(a-t)da \leq e^{\beta_+ t}|p_0|_{L^1} < M$$

それゆえ，$\mathcal{F}(\mathcal{K}) \subset \mathcal{K}$ である．$q, \bar{q} \in \mathcal{K}$ とすれば，

$$Q_i(t) \leq \gamma_+ \int_0^{a_\dagger} q(a,t)da = \gamma_+|q(\cdot,t)| < \gamma_+ M$$

ここで

$$\gamma_+ = \max_{i=1,2,\ldots,n} |\gamma_i|_{L^\infty}$$

である．そこで，

$$\int_0^{a_\dagger} |(\mathcal{F}q)(a,t) - (\mathcal{F}\bar{q})(a,t)|da$$
$$\leq \int_0^t |b(t-a;Q) - b(t-a;\bar{Q})|da$$
$$+ \int_0^t b(t-a;\bar{Q})|\Pi(a,t,a;Q) - \Pi(a,t,a;\bar{Q})|da$$
$$+ \int_t^\infty p_0(a-t)|\Pi(a,t,t;Q) - \Pi(a,t,t;\bar{Q})|da$$
$$\leq L(\gamma_+ M)|p_0|_{L^1} \sum_{i=1}^n \int_0^t \left[|Q_i(a) - \bar{Q}_i(a)| + \int_0^a |Q_i(\sigma) - \bar{Q}_i(\sigma)|d\sigma\right]da$$
$$+ \beta_+ H(\gamma_+ M)|p_0|_{L^1} \sum_{i=1}^n \int_0^t e^{a\beta_+} \int_a^t |Q_i(\sigma) - \bar{Q}_i(\sigma)|d\sigma da$$
$$+ H(\gamma_+ M)|p_0|_{L^1} \sum_{i=1}^n \int_0^t |Q_i(\sigma) - \bar{Q}_i(\sigma)|d\sigma$$
$$\leq [(1+T)L(\gamma_+ M) + e^{\beta_+ T} H(\gamma_+ M)]|p_0|_{L^1} \sum_{i=1}^n \int_0^t |Q_i(\sigma) - \bar{Q}_i(\sigma)|d\sigma$$

$$\leq n\gamma_+[(1+T)L(\gamma_+ M) + e^{\beta_+ T}H(\gamma_+ M)]|p_0|_{L^1}\int_0^t |q(\cdot,\sigma) - \bar{q}(\cdot,\sigma)|_{L^1}d\sigma$$

したがって (3.2.14) が従う． □

そこで以下を示す準備ができた．

定理 3.2.3 $p_0 \in L^1(0, a_\dagger)$ とする．このとき唯一の $p \in \mathcal{K}$ が存在して

$$p(a,t) = \begin{cases} p_0(a-t)\Pi(a,t,t;S), & a \geq t \\ b(t-a;S)\Pi(a,t,a;S), & a < t \end{cases} \tag{3.2.15}$$

$$S_i(t) = \int_0^{a_\dagger} \gamma_i(a)p(a,t)da, \quad i=1,...,n \tag{3.2.16}$$

さらに，$p(a,t)$ は以下の性質を満たす：

$$\lim_{h\to 0}\frac{1}{h}[p(a+h,t+h) - p(a,t)] = -\mu(a,S(t))p(a,t),$$
$$\text{a.e. } (a,t) \in [0,a_\dagger] \times \mathbb{R}_+ \tag{3.2.17}$$

$$|p(\cdot,t)|_{L^1} \leq e^{\beta_+ t}|p_0|_{L^1} \tag{3.2.18}$$

$$|p(\cdot,t) - \bar{p}(\cdot,t)|_{L^1} \leq e^{C(M,T)t}|p_0 - \bar{p}_0|_{L^1} \tag{3.2.19}$$

ここで $\bar{p}(\cdot,t)$ は初期値 $\bar{p}_0$ に対応する解である．

証明 (3.2.14) からの直接的な結果として任意の自然数 $N > 0$ に対して

$$|\mathcal{F}^N q - \mathcal{F}^N \bar{q}|_E \leq \frac{C(M,T)^N T^N}{N!}|q - \bar{q}|_E \tag{3.2.20}$$

それゆえ，N が十分に大であれば $\mathcal{F}$ は縮小写像であり，唯一の不動点を $\mathcal{K}$ にもつ．それゆえ最初の部分は証明された．また (3.2.18) は ((3.2.10) と) (3.2.13) の結果である．最後に (3.2.19) を証明する．$\mathcal{F}_{p_0}$ を初期値 p_0 に対応する写像 (3.2.12) とする．このとき

$$p(\cdot,t) = (\mathcal{F}_{p_0}p)(\cdot,t), \quad \bar{p}(\cdot,t) = (\mathcal{F}_{\bar{p}_0}\bar{p})(\cdot,t)$$

したがって (3.2.14) から

$$
\begin{aligned}
|p(\cdot,t)-\bar{p}(\cdot,t)|_{L^1} &\leq |(\mathcal{F}_{p_0}p)(\cdot,t)-(\mathcal{F}_{\bar{p}_0}p)(\cdot,t)|_{L^1}\\
&\quad + |(\mathcal{F}_{\bar{p}_0}p)(\cdot,t)-(\mathcal{F}_{\bar{p}_0}\bar{p})(\cdot,t)|_{L^1}\\
&\leq \int_t^\infty |p_0(a-t)-\bar{p}_0(a-t)|da\\
&\quad + C(M,T)\int_0^t |p(\cdot,\sigma)-\bar{p}(\cdot,\sigma)|_{L^1}d\sigma
\end{aligned}
$$

それゆえグロンウォールの不等式から (3.2.19) が従う. □

問題 (3.1.2) の解の正則性に関する議論は省略する. これは p_0 の正則性に依存しており, 動態率がいかに変数 x_i に依存しているかに依存する. 以下においては, とくに断らない限り, 定理 3.2.3 によって与えられる一般化された解を考察する.

3.3 平衡解の探索

仮定 (3.1.3)–(3.1.7) のもとで問題 (3.1.2) を考えよう. 平衡解, すなわち $p(a,t)=v(a)$ という形の定常解を求める. そのような解は以下のシステムを満たさねばならない:

$$
\begin{aligned}
&v_a(a)+\mu(a,V_1,...,V_n)v(a)=0\\
&v(0)=\int_0^{a_\dagger}\beta(a,V_1,...,V_n)v(a)da\\
&V_i=\int_0^{a_\dagger}\gamma_i(a)v(a)da
\end{aligned}
\quad (3.3.1)
$$

これは少なくとも $v(a)\equiv 0$ という自明な解をもっている. この問題の非自明な解は以下のように見いだされる. (3.3.1) の最初の方程式から

$$
v(a)=v(0)e^{-\int_0^a \mu(\sigma,V_1,...,V_n)d\sigma}=v(0)\Pi(a;V) \quad (3.3.2)
$$

を得る．ここで $V \equiv (V_1, ..., V_n)$ であり，

$$\Pi(a; V) \equiv \exp\left(-\int_0^a \mu(\sigma, V_1, ..., V_n) d\sigma\right)$$

である．(3.3.2) を (3.3.1) のほかの方程式に代入すれば，

$$v(0) = v(0) \int_0^{a_\dagger} \beta(\sigma, V_1, ..., V_n) \Pi(\sigma; V) d\sigma$$

$$V_i = v(0) \int_0^{a_\dagger} \gamma_i(\sigma) \Pi(\sigma; V) d\sigma$$

であり，V_i に関する以下のシステムを得る：

$$\int_0^{a_\dagger} \beta(\sigma, V_1, ..., V_n) \Pi(\sigma; V) d\sigma = 1 \tag{3.3.3}$$

$$\frac{V_1}{\int_0^{a_\dagger} \gamma_1(\sigma) \Pi(\sigma; V) d\sigma} = \frac{V_2}{\int_0^{a_\dagger} \gamma_2(\sigma) \Pi(\sigma; V) d\sigma} = \cdots = \frac{V_n}{\int_0^{a_\dagger} \gamma_n(\sigma) \Pi(\sigma; V) d\sigma} \tag{3.3.4}$$

それゆえ，(3.3.3), (3.3.4) を満たす任意の $(V_1, ..., V_n)$ は (3.3.2) によって (3.3.1) の解を決定することがわかる．このとき $v(0) > 0$ は

$$v(0) = \frac{V_i}{\int_0^{a_\dagger} \gamma_i(\sigma) \Pi(\sigma; V) d\sigma} \tag{3.3.5}$$

によって与えられる．結果として以下を得る：

定理 3.3.1 (3.1.3)–(3.1.7) が満たされている場合，$v(a)$ は (3.3.2) の形をもち，$V \equiv (V_1, ..., V_n)$ が (3.3.3), (3.3.4) を満たし，$v(0)$ が (3.3.5) で与えられる場合に限り，問題 (3.1.2) の非自明な平衡解である．

方程式 (3.3.3), (3.3.4) は平衡解の存在を調べるための主要な道具であり，それによって多数の平衡解が存在するような非常に多様な状況がありうることが理解できる．以下において，人口の動態率パラメータに依存して，このことがいかにして起こるのか，といういくつかの例を考察する．

条件 (3.3.3) について

$$\mathcal{R}(V_1,...,V_n) = \int_0^{a_\dagger} \beta(\sigma,V_1,...,V_n)\Pi(\sigma;V)d\sigma \qquad (3.3.6)$$

は $V_1,...,V_n$ の一定値における純再生産率であることに注意しよう．すなわち条件 (3.3.3) は，平衡点において純再生産率は 1 に等しいことを意味している ((1.5.19) 参照)．

3.4 単一のサイズをもつアリー・ロジスティックモデル

はじめに動態率が単一の変数

$$S(t) = \int_0^{a_\dagger} \gamma(\sigma)p(\sigma,t)d\sigma \qquad (3.4.1)$$

に依存する人口モデルを考察する．この場合以下のシステムを得る：

$$\begin{aligned} &p_t(a,t) + p_a(a,t) + \mu(a,S(t))p(a,t) = 0 \\ &p(0,t) = \int_0^{a_\dagger} \beta(\sigma,S(t))p(\sigma,t)d\sigma \\ &p(a,0) = p_0(a) \end{aligned} \qquad (3.4.2)$$

この場合，平衡解を求めることは，純再生産率に関する単一の方程式：

$$\mathcal{R}(V) = \int_0^{a_\dagger} \beta(a,V)e^{-\int_0^a \mu(\sigma,V)d\sigma}da = 1 \qquad (3.4.3)$$

を解析することに帰着する．V の関数としての純再生産率 $\mathcal{R}(V)$ の挙動は成長のメカニズムに依存している．実際，成長をモデル化するために，$\mathcal{R}(V)$ に関して直接的に構成的な仮定を導入することができる．すなわち純再生産率の V に関する現実的な挙動は以下のように記述できる：

$$\begin{aligned} &\text{(i)} \quad \mathcal{R}'(V) > 0, \quad 0 < V < V_0 \\ &\text{(ii)} \quad \mathcal{R}'(V) < 0, \quad V > V_0 \\ &\text{(iii)} \quad \lim_{V\to\infty} \mathcal{R}(V) = 0 \end{aligned} \qquad (3.4.4)$$

ここで $V_0 \geq 0$ は密度効果が切り替わる臨界値である．ただし，もし $V_0 = 0$

であれば (ii), (iii) だけが意味がある．これらはこの章のはじめに述べたアリー効果とロジスティック効果の双方を含んだ，単一人口に関する標準的な仮定である．

方程式 (3.3.3) に関して，仮定 (3.4.4) は $\mathcal{R}(0)$ と $\mathcal{R}(V_0)$ の値に依存して，いくつかの異なった結論を導く．実際，$V_0 > 0$ であれば，

$$
\begin{aligned}
&\mathcal{R}(0) > 1 \text{ であれば，ただ 1 つの非自明な解が存在,} \\
&\mathcal{R}(0) < 1 \text{ でかつ } \mathcal{R}(V_0) > 1 \text{ であれば,} \\
&\qquad \text{ちょうど 2 つの非自明な解が存在,} \\
&\mathcal{R}(V_0) < 1 \text{ であれば，非自明解は存在しない,}
\end{aligned}
\tag{3.4.5}
$$

という結論を得る（図 3.2 を見よ）．もし $V_0 = 0$ であれば純粋にロジスティックなケースになる：

$$
\begin{aligned}
&\mathcal{R}(0) > 1 \text{ であれば，ただ 1 つの非自明な解が存在,} \\
&\mathcal{R}(0) \leq 1 \text{ であれば，非自明解は存在しない．}
\end{aligned}
\tag{3.4.6}
$$

(3.4.4) で記述される $\mathcal{R}(V)$ の挙動は，たとえば $\beta(a, V)$ と $\mu(a, V)$ がそれぞれ $0 < V < V_0$ において増加と減少，$V > V_0$ において減少と増加を示すのであれば達成されることに注意しておく．

具体的な例として，以下のような動態率を考察しよう：

$$\beta(a, S) = \beta_0(a) e^{\epsilon S(1 - \frac{S}{K})}, \quad \mu(a, S) = \mu_0(a) \tag{3.4.7}$$

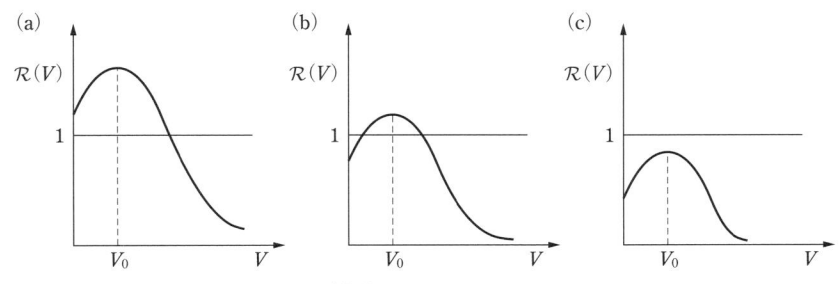

図 **3.2** 純再生産率のサイズ依存性．(a) $1 < \mathcal{R}(0)$, (b) $\mathcal{R}(0) < 1 < \mathcal{R}(V_0)$, (c) $\mathcal{R}(V_0) < 1$

ここで K はパラメータであり，$\beta_0(\cdot)$, $\mu_0(\cdot)$ は条件 (1.2.6)–(1.2.8) を満たす内的動態率の役割を果たしている．(3.4.7) を仮定すれば

$$\mathcal{R}(V) = \mathcal{R}_0 e^{\epsilon V(1-\frac{V}{K})}$$

を得るが，ここで

$$\mathcal{R}_0 = \int_0^{a_\dagger} \beta_0(a)\Pi_0(a)da \tag{3.4.8}$$

$$\Pi_0(a) = e^{-\int_0^a \mu_0(\sigma)d\sigma}$$

である．そこで $V_0 = \frac{K}{2}$ とすれば，$\mathcal{R}(V)$ は (3.4.4) を満たし，(3.4.3) の解 V^* は

$$\epsilon V^* \left(1 - \frac{V^*}{K}\right) = -\log \mathcal{R}_0$$

を満足する．したがって

$$\begin{aligned}&\mathcal{R}_0 > 1 \text{ であれば，非自明解が 1 つ存在する}, \\ &e^{-\frac{\epsilon K}{4}} < \mathcal{R}_0 < 1 \text{ であれば，非自明解が 2 つ存在する}, \\ &0 < \mathcal{R}_0 < e^{-\frac{\epsilon K}{4}} \text{ であれば，非自明解は存在しない}.\end{aligned} \tag{3.4.9}$$

(3.4.9) の相対分岐図は図 3.3 に示されている．ここで平衡点のサイズ V^* が $\mathcal{R}_0$ に対してプロットされている．

各々の平衡点におけるサイズ V^* に対応して定常解

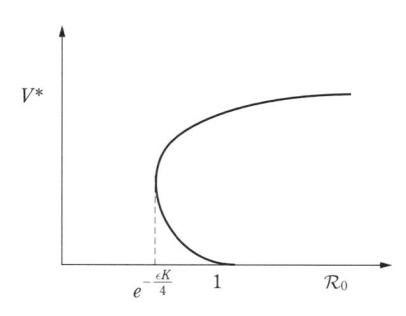

図 **3.3** $\mathcal{R}_0$ に依存する定常解の分岐

を得る.動態率がなんらかの仕方で変化した場合に,いかに平衡点が変化するかを分析することは興味深い.たとえばパラメータ $m > 0$ を導入して,本来的な出生率を変化させてみよう[6]:

$$\beta^m(a) = \begin{cases} \beta_0(a-m), & m < a < a_\dagger \\ 0, & 0 < a < m \end{cases} \qquad (3.4.10)$$

$$p^*(a) = V^* \frac{\Pi_0(a)}{\int_0^{a_\dagger} \gamma(\sigma)\Pi_0(\sigma)d\sigma}$$

このパラメータは**成熟年齢** (maturation age) と解釈できる.事実,もしある $\eta > 0$ について

$$\beta_0(a) > 0, \quad \text{a.e. } a \in [0, \eta] \qquad (3.4.11)$$

であれば m は個体が出産可能になる年齢とみなされる.そこで m が増加した場合の平衡点について議論しよう.すなわち $\beta_0(a)$ が右へ移動した場合である.関数

$$\mathcal{R}_0(m) = \int_m^{a_\dagger} \beta_0(a-m)\Pi_0(a)da \qquad (3.4.12)$$

は m について減少関数であり,$\mathcal{R}_0(a_\dagger) = 0$ であることに注意しよう.そこで m_0 と m_1 を以下のように定義する:

$$m_0 = \begin{cases} 0, & \mathcal{R}_0(0) \leq 1 \\ \mathcal{R}_0(m) = 1 \text{ の唯一の解}, & \mathcal{R}_0(0) > 1 \end{cases}$$

$$m_1 = \begin{cases} 0, & \mathcal{R}_0(0)e^{\frac{\epsilon K}{4}} \leq 1 \\ \mathcal{R}_0(m) = e^{-\frac{\epsilon K}{4}} \text{ の唯一の解}, & \mathcal{R}_0(0)e^{\frac{\epsilon K}{4}} > 1 \end{cases}$$

もし $0 \leq m < m_0$ なら唯一の平衡点,$m_0 \leq m < m_1$ なら 2 つの平衡点が存在し,$m > m_1$ であれば平衡点は存在しない(図 3.4 参照).むろん,$m_0 = 0, m_1 > 0$ または $m_0 = m_1$ の場合はこれらの主張のいくつかは無効である.

---

[6] このような仮定はパラメータの「年齢シフト」(age shift) として人口学でよく知られている.たとえば「晩産化」は年齢別出生率の年齢シフト ($m > 0$) で表現される.

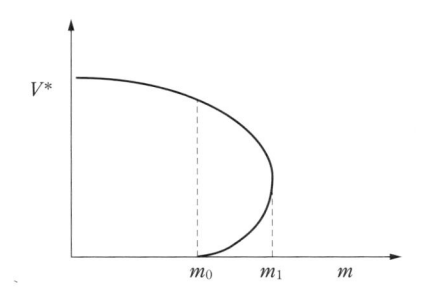

図 3.4 年齢シフト m に依存する定常解の分岐

単一のサイズに依存するモデルに関しては，さらに以下の例を見てみよう．

$$\beta(a,S) = \beta_0(a), \quad \mu(a,S) = \mu_0(a) + \mu_1(a)S \qquad (3.4.13)$$

ここで再び $\beta_0(\cdot), \mu_0(\cdot)$ は第 1 章の条件 (1.2.6)–(1.2.8) を満たすと仮定し，

$$\mu_1(\cdot) \in L^\infty(0, a_\dagger), \quad \mu_1(a) \geq 0, \quad \text{a.e. } a \in [0, a_\dagger] \qquad (3.4.14)$$

となると仮定する．さらに

$$\text{meas}(\{a|\beta_0(a) > 0\} \cap [a_\mu, a_\dagger]) > 0 \qquad (3.4.15)$$

とする．ここで

$$a_\mu = \sup\{a | \mu_1(\sigma) = 0, \text{ a.e. } \sigma \in [0, a]\}$$

この場合

$$\mathcal{R}(V) = \int_0^{a_\dagger} \beta_0(a) \Pi_0(a) e^{-M(a)V} da \qquad (3.4.16)$$

$$M(a) = \int_0^a \mu_1(\sigma) d\sigma \qquad (3.4.17)$$

であり，(3.4.15) により

$$\int_0^{a_\dagger} \beta_0(a) M(a) da > 0 \qquad (3.4.18)$$

となる．そこで $\mathcal{R}(V)$ は減少関数であり，純粋なロジスティックモデルを得る．以下の条件が成り立つときにのみ自明でない唯一の平衡点が存在する：

$$\mathcal{R}(0) = \int_0^{a_\dagger} \beta_0(a)\Pi_0(a)da > 1 \tag{3.4.19}$$

この平衡点が存在する場合，定常解は以下のように与えられる．

$$p^*(a) = V^* \frac{\Pi_0(a)e^{-M(a)V^*}}{\int_0^{a_\dagger} \gamma(a)\Pi_0(a)e^{-M(a)V^*}da} \tag{3.4.20}$$

この例において発生する成長メカニズムは，純粋にロジスティックなフレームワークにはまるものであるが，人口サイズに比例した直接的な死亡率の上昇によって引き起こされる．このメカニズムは**共食い** (cannibalism) の存在として解釈できる．この場合重み $\gamma(a), \mu_1(a)$ はそれぞれ食う個体と食われる個体を選別する役割をはたす[6]．

3.5 2つのサイズをもつモデル

次の例として動態率が2つの変数に依存する人口を考察する[7]．

$$S(t) = \int_A^{a_\dagger} p(a,t)da, \quad P(t) = \int_0^{a_\dagger} p(a,t)da \tag{3.5.1}$$

最初の変数 $S(t)$ は成熟個体数であり，2番目の変数は全人口数である．β と μ を以下のような形態と仮定する：

$$\beta(a,S,P) = \beta_0(a)e^{S(1-\frac{P}{K})}, \quad \mu(a,S,P) = \mu_0(a) \tag{3.5.2}$$

これらは $0 \leq S \leq P$ で定義され，$\beta_0(\cdot), \mu(\cdot)$ は (1.2.6)–(1.2.8) を満たす．

$\beta(a,S,P)$ の形態は (3.4.7) で考察されたものに類似している．ここで2つの変数を使用したことは，アリー効果は成熟個体の存在に依存し，ロジスティック効果はなんらの区別なく全個体数によるものと考えられる，ということを顧慮しているのである．実際，

---

[6] γ は捕食者となる年齢別率を表し，μ_1 は被食者になりやすさを表している年齢別率である．

[7] モデル (3.1.2) において，$n=2, S_1=S, S_2=P, \gamma_1=0, a \in [0,A), \gamma_1=1, a \in [A,a_\dagger], \gamma_2=1$ として得られる．パラメータ A は成熟年齢である．

$$\frac{\partial \beta}{\partial S}(a,S,P) = \beta(a,S,P)\left(1-\frac{P}{K}\right) > 0, \quad P < K$$

$$\frac{\partial \beta}{\partial P}(a,S,P) = -\beta(a,S,P)\frac{S}{K} < 0, \quad S > 0$$

である．(3.5.2) より平衡点 (S^*, P^*) は方程式

$$\mathcal{R}_0 e^{S^*(1-\frac{P^*}{K})} = 1 \tag{3.5.3}$$

$$\frac{S^*}{\int_A^{a_\dagger} e^{-\int_0^a \mu_0(\sigma)d\sigma}da} = \frac{P^*}{\int_0^{a_\dagger} e^{-\int_0^a \mu_0(\sigma)d\sigma}da} \tag{3.5.4}$$

を満たさねばならない．ここで $\mathcal{R}_0$ は (3.4.8) で与えられる．(3.5.3), (3.5.4) から

$$P^*\left(1-\frac{P^*}{K}\right) = -\log\mathcal{R}_0 \frac{\int_0^{a_\dagger} e^{-\int_0^a \mu_0(\sigma)d\sigma}da}{\int_A^{a_\dagger} e^{-\int_0^a \mu_0(\sigma)d\sigma}da}$$

となるから，右辺の値に応じて 2 つまたは 1 つの解が存在するか，または解は存在しない．正確にいえば，もし $\mathcal{R}_0 \geq 1$ であれば唯一の解が存在し，$\mathcal{R}_0 < 1$ であればパラメータ A に応じて平衡解の存在を議論できる．実際，分岐グラフ図 3.5 に示されているような状況を得る．

共食いモデルにおいて 2 つのサイズをもつ場合も考察しよう．

$$\beta(a,K,C) = \beta_0(a), \quad \mu(a,K,C) = \mu_0(a) + \mu_1(a)\frac{K}{1+C} \tag{3.5.5}$$

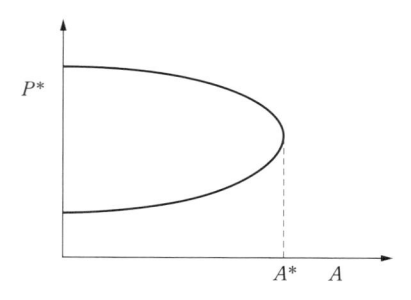

図 **3.5** 成熟年齢 A に依存する定常解の分岐．A^* は正の平衡解が存在しうる成熟年齢の上限値である

とする．ここで $\beta_0(\cdot)$, $\mu_0(\cdot)$ は (1.2.6)–(1.2.8) を満たす内的動態率であり，$\mu_1(a)$ は (3.4.14), (3.4.15) を満たす．サイズに関しては

$$K(t) = \int_0^{a_\dagger} k(a)p(a,t)da, \quad C(t) = \int_0^{a_\dagger} c(a)Q(a)p(a,t)da \qquad (3.5.6)$$

として，それらはそれぞれ**共食い個体** (cannibals) サイズと**潜在的な犠牲者** (potential victims) のサイズを表す．重み $k(a)$, $c(a)$, $Q(a)$ はそれぞれ年齢の関数としての**共食い活動性** (cannibalistic activity)，**攻撃率** (attack rate)，**処理時間** (handling time) を表現する．$\mu(a, K, C)$ の定義において，項 $\frac{1}{1+C}$ は可能な捕食行動に限界を与えていることにも注意しよう．

これらの仮定によって，平衡解 (K^*, C^*) は

$$\mathcal{R}(K^*, C^*) = \int_0^{a_\dagger} \beta_0(a)\Pi_0(a)e^{-M(a)\frac{K^*}{1+C^*}} da = 1 \qquad (3.5.7)$$

$$\frac{K^*}{\int_0^{a_\dagger} k(a)\Pi_0(a)e^{-M(a)\frac{K^*}{1+C^*}} da} = \frac{C^*}{\int_0^{a_\dagger} c(a)Q(a)\Pi_0(a)e^{-M(a)\frac{K^*}{1+C^*}} da} \qquad (3.5.8)$$

を満たさねばならない．ここで $M(a)$ は (3.4.17) のように定義されている．

以下のような関数を考えよう：

$$\Phi(\lambda) = \int_0^{a_\dagger} \beta_0(a)\Pi_0(a)e^{-M(a)\lambda} da, \quad \lambda \in \mathbb{R}$$

(3.4.18) により，この関数は厳密に減少関数であり $\Phi(-\infty) = \infty$, $\Phi(\infty) = 0$ となる．それゆえ方程式

$$\Phi(\lambda) = 1$$

は唯一の根 λ^* をもつ．したがってひとたび λ^* が見いだされれば，任意の平衡解 (K^*, C^*) は以下の方程式で決定される

$$\frac{K^*}{1+C^*} = \lambda^* \qquad (3.5.9)$$

$$\frac{K^*}{\int_0^{a_\dagger} k(a)\Pi_0(a)e^{-M(a)\lambda^*} da} = \frac{C^*}{\int_0^{a_\dagger} c(a)Q(a)\Pi_0(a)e^{-M(a)\lambda^*} da} \qquad (3.5.10)$$

すなわち方程式

$$\frac{C^*}{1+C^*} = \lambda^* \frac{\int_0^{a_\dagger} c(a)Q(a)\Pi_0(a)e^{-M(a)\lambda^*}da}{\int_0^{a_\dagger} k(a)\Pi_0(a)e^{-M(a)\lambda^*}da} \qquad (3.5.11)$$

によって決定される．それゆえ (3.5.11) の右辺が正で 1 より小である場合にのみ自明でない平衡点がただ 1 つ存在することがわかる．

3.6 著者ノート

　非線形モデルは Gurtin and MacCamy [77] においてはじめて注目された．そこでは全人口に依存する動態率をもつ一般的なモデルが考察された．それ以来，一般的な目的や特定のモデリングのために彼らのモデルのさまざまなヴァージョンが考察されてきている．3.1 節で提示したモデルは，本質的には Gurtin and MacCamy のそれと同じであり，多数のサイズに依存するように拡張したものである．3.2 節で与えた存在と唯一性の証明は，このモデルの他のヴァージョンに対しても適用できるように十分一般的なものとするようにつとめた．

　さまざまな論文において特殊なモデルが考察されてきているが，たいていは解の挙動を解析するためのものである．われわれは以下の諸章でその種の問題に遭遇するであろう．ここでは平衡解の存在という予備的な問題を扱ってきた．このために提示した一般的な手続きもまた本質的には [77] に含まれている．われわれが議論した例は単一の人口のモデリングにとって本質的な重要性をもつものである．とりわけ共食いモデルは幾人かの研究者の注意を引きつけてきた．ここで考察したモデルは [55] に含まれており，筆者らはモデリングの側面に関する議論に関してはこの論文を参照している（[69] も見よ）．

　1980 年代に非線形構造化個体群モデルに関していくつかのモノグラフが現れた．非線形の場合の抽象的な定式化は，[202] において単調作用素の方法を用いて発展させられている．モデリングの側面と数学的方法の双方のいっそう拡張された扱いは，[154] において与えられている．後者のテキストにおい

てはモデリングの側面は年齢構造という特殊な場合をこえており，時間とともに発展するより一般的なパラメータ（サイズ構造化モデル）を考慮することによって，あらゆる人口・環境変数に依存するようなモデルを考察することを可能としている．典型的な例は細胞成長のモデル化である．（ミンモ・イアネリ）

♣

　現在においても，この分野のテキストはいまだ多いとはいえない．ある程度まとまったテキストとして [7], [46], [102], [113], [192] をつけ加えておく．イアネリが指摘するように，年齢構造は人口のさまざまな構造変数の1つにすぎない．年齢は単に時間と原点が異なるだけだが，一般の構造変数は時間的に非線形の変化をするから，そのモデルはより複雑で，解析も難しい ([194])．構造化個体群ダイナミクス (structured population dynamics) は，1980年代以降，発展方程式の理論に多様な問題提起をすることで，相互に急速に発展した．とくに非局所的で非線形な境界条件を半線形発展方程式の摂動項として処理する方法論の発展に大きな刺激を与えた ([36]–[38], [187], [188])．しかし，より多様な環境条件を取り入れるためにパラメータのリプシッツ連続性などの条件を緩めれば，発展方程式は数学的に適切な問題になるとは限らない．その点では積分方程式アプローチに有利さがある ([57]–[59])．モデル構築の側面に関しては，いまだに難解だが清新の気にあふれた Metz and Diekmann [154] を読むのが一番よい．（稲葉 寿）

第4章
平衡点の安定性

この章ではその存在を前章で議論した平衡点の安定性を取り扱う．この分析のための主要な道具は特性方程式である．特性方程式は 4.2 節で導かれるが，そこでは，付録 B において提示されているヴォルテラ積分方程式の理論の諸結果を用いる．

平衡点の安定性に関する完全な結果は，不安定性に関する条件をも定式化するものであるべきだが，ここでのアプローチは単に安定性に関する十分条件を主張することができるだけだということに注意する必要がある．完全な結果の証明には，ここでは提示できない関数解析的な設定が必要とされるから，本章ではこの条件を主張するにとどめ，例として議論するモデルを通じて，それを用いることにする．この点に関するいくつかのコメントは 4.7 節で与えられる．

4.1 定義と仮定

ここでは問題 (3.1.2) の解を，初期値が平衡点に近い場合においてその挙動を検討する．とくに以下の定義にしたがって安定性を解析する：

定義 4.1.1 定常解 $p^*(\cdot)$ は，もし $\forall \epsilon > 0$ に対して $\delta > 0$ が存在して，$p_0(\cdot)$ が

$$|p_0 - p^*|_{L^1} \leq \delta$$

を満たすとき，対応する解 $p(\cdot, t)$ が

$$|p(\cdot, t) - p^*(\cdot)|_{L^1} \leq \epsilon, \ \forall t \geq 0$$

となるとき**安定** (stable) であるという．もし安定でありかつ δ が

$$\lim_{t \to \infty} |p(\cdot, t) - p^*(\cdot)|_{L^1} = 0$$

となるようにとれる場合は**漸近的に安定** (asymptotically stable) であるという．安定でない場合は**不安定** (unstable) であるという．

人口理論の観点からは平衡点に近い解の挙動は特別に興味深い．というのも，それは持続性や絶滅の問題と関連しているからである．

以下の節では，積分方程式 (3.2.3) の線形化手続きによる平衡点の安定性解析を考えよう．この手続きをおこなうために，はじめに，第 3 章で導入した主要仮定 (3.1.3)–(3.1.7) に加えて，基本パラメータ β と μ が以下の技術的条件を満たしているものと仮定する：

$$\beta(a, x_1, ..., x_n) = \beta(a, x_1^0, ..., x_n^0)$$
$$+ \sum_{i=1}^{n} D_i \beta(a, x_1^0, ..., x_n^0)(x_i - x_i^0) + R_\beta(a, x^0, x) \quad (4.1.1)$$

$$\mu(a, x_1, ..., x_n) = \mu(a, x_1^0, ..., x_n^0)$$
$$+ \sum_{i=1}^{n} D_i \mu(a, x_1^0, ..., x_n^0)(x_i - x_i^0) + R_\mu(a, x^0, x) \quad (4.1.2)$$

ここで R_β と R_μ は以下を満たす：

$$|R_\beta(a, x^0, x)| + |R_\mu(a, x^0, x)| \leq M(x - x_0) \quad (4.1.3)$$

ただし $M(\cdot) : \mathbb{R}^n \to \mathbb{R}$ は以下を満たす：

$$\lim_{x \to 0} \frac{M(x)}{|x|} = 0 \quad (4.1.4)$$

これらの仮定をこの章を通じて用いることにする．

4.2 基礎特性方程式

安定性解析に用いる基本的な道具は特性方程式であり，それは (3.1.2) に由来する積分方程式システムの線形化手続きにおいて現れる．実際，われわれはこのシステムを付録 B で素描した理論を用いるために考察し，最後に (3.1.2) に関する結果を得る．

最初に (3.1.2) を，以下の $(n+1)$ 個の変数のセットを考慮して変換する：

$$b(t) = p(0,t), \quad S_i(t), \quad i = 1,...,n$$

すなわち (3.2.15), (3.2.16) を用いる．実際，

$$p(a,t) = \begin{cases} p_0(a-t)\Pi(a,t,t;S), & a \geq t \\ b(t-a)\Pi(a,t,a;S), & a < t \end{cases} \tag{4.2.1}$$

であるから，これを

$$b(t) = \int_0^{a_\dagger} \beta(a, S_1(t),...,S_n(t))p(a,t)da$$

$$S_i(t) = \int_0^{a_\dagger} \gamma_i(a)p(a,t)da$$

に代入し，システム

$$\begin{aligned} b(t) &= \int_0^t K(t, t-\sigma;S)b(\sigma)d\sigma + F(t;S) \\ S_i(t) &= \int_0^t H_i(t, t-\sigma;S)b(\sigma)d\sigma + G_i(t,S) \end{aligned} \tag{4.2.2}$$

を得る．ここで $K(t,\sigma;S)$, $F(t;S)$ は (3.2.4), (3.2.5) と同様に定義される．また，

$$H_i(t,\sigma;S) = \gamma_i(\sigma)\Pi(\sigma,t,\sigma;S)$$

$$\begin{aligned} G_i(t;S) &= \int_t^\infty \gamma_i(a)\Pi(a,t,t;S)p_0(a-t)da \\ &= \int_0^\infty \gamma_i(a+t)\Pi(a+t,t,t;S)p_0(a)da \end{aligned}$$

である．ここですべての関数は $[0, a_\dagger]$ の外側でゼロとなるように拡張されている．

いまや (4.2.2) が以下の**極限システム** (limiting system) を有することは容易にわかる：

$$v(t) = \int_0^\infty K(t, \sigma; V) v(t - \sigma) d\sigma$$
$$V_i(t) = \int_0^\infty H_i(t, \sigma; V) v(t - \sigma) d\sigma \tag{4.2.3}$$

このシステムの非自明な定常解 $(v^*, V_1^*, ..., V_n^*)$ の探索は方程式

$$1 = \int_0^\infty \beta(\sigma, V_1^*, ..., V_n^*) \Pi(\sigma; V^*) d\sigma$$
$$V_i^* = v^* \int_0^\infty \gamma_i(\sigma) \Pi(\sigma; V^*) d\sigma \tag{4.2.4}$$

を導く．ここで $\Pi(a; V)$ は 3.3 節におけるものと同じである．期待されるように，(4.2.4) はシステム (3.3.3), (3.3.4) に対応している．ここで v^* は $v(0)$ と同じ役割を果たしていることに注意しよう．実際，(4.2.1) より，(4.2.4) の任意の非自明解 $(v^*, V_1^*, ..., V_n^*)$ から定常解

$$p^*(a) = v^* \Pi(a; V^*) \tag{4.2.5}$$

を得る．ここで自明解 $p^* \equiv 0$ は $v^* = 0, V_i^* = 0$ に対応している．

そこで (4.2.3) の定常解（自明解 $v^* = 0, V_i^* = 0$ も含む）において (4.2.2) を線形化しよう．定常解からの摂動を，

$$U_0(t) = b(t) - v^*$$
$$U_i(t) = S_i(t) - V_i^*, \qquad i = 1, 2, ..., n$$
$$q_0(a) = p_0(a) - p^*(a)$$

とおくと，システム

$$U_i(t) = \sum_{j=0}^n \left[a_{ij} U_j(t) + \int_0^t A_{ij}(t - \sigma) U_j(\sigma) d\sigma \right]$$
$$+ \mathcal{P}_i[U_0(\cdot), ..., U_n(\cdot); q_0(\cdot)](t), \qquad i = 0, ..., n \tag{4.2.6}$$

4.2 基礎特性方程式

を得る．ここで

$$
\begin{aligned}
&a_{00} = a_{ij} = 0, \quad \forall i \neq 0 \\
&a_{0j} = v^* \int_0^{a_\dagger} D_j \beta(\sigma; V_1^*, ..., V_n^*) \Pi(\sigma; V^*) d\sigma, \quad \forall j = 1, ..., n \\
&A_{00}(\sigma) = \begin{cases} \beta(\sigma, V_1^*, ..., V_n^*)\Pi(\sigma; V^*), & \sigma \in [0, a_\dagger] \\ 0, & \sigma > a_\dagger \end{cases} \\
&A_{i0}(\sigma) = \begin{cases} \gamma_i(\sigma)\Pi(\sigma; V^*), & \sigma \in [0, a_\dagger], \quad \forall i = 1, ..., n \\ 0, & \sigma > a_\dagger \end{cases} \\
&A_{ij}(\sigma) = -v^* \int_0^{a_\dagger} D_j \mu(s, V_1^*, ..., V_n^*) A_{i0}(\sigma + s) ds, \quad \forall j \neq 0
\end{aligned}
\tag{4.2.7}
$$

であり，非線形項 $\mathcal{P}_i$:

$$(U_0(\cdot), ..., U_n(\cdot), q_0(\cdot)) \to \mathcal{P}_i[U_0(\cdot), ..., U_n(\cdot), q_0(\cdot)](\cdot)$$

は $C_0([0, \infty]; \mathbb{R}^{n+1}) \times L^1([0, a_\dagger]; \mathbb{R})$ を $C_0([0, \infty]; \mathbb{R})$ へ写し，付録 B に述べられている条件 (B.3.3), (B.3.4) を満たしている．それゆえ，システム (4.2.6) は付録 B の方程式 (B.3.1) の形をもっていて，特性方程式

$$\det(E - B - \hat{A}(\lambda)) = 0 \tag{4.2.8}$$

の考察に導かれる．ここで E は $n \times n$ の単位行列，$B = (a_{ij})_{1 \leq i,j \leq n}$, $A(\sigma) = (A_{ij}(\sigma))_{1 \leq i,j \leq n}$ は $n \times n$ の行列であり，$\hat{A}(\lambda)$ は $A(\sigma)$ のラプラス変換である．この方程式は問題 (4.2.3) に対する定数解 $(v^*, V_1^*, ..., V_n^*)$ の安定性を調べるためのツールであるが，実はもとの問題に対応する解の安定性の研究をも可能とする．この点は次節で議論されるであろう．

注意 4.1 方程式 (4.2.6) の線形部分の導出は，実際には非常に面倒な間違いやすい計算であるので，サイズが 1 つである簡単な場合に，その計算を示しておきたい．考えるのは以下の非線形再生方程式である：

$$b(t) = F(t; S(t)) + \int_0^t K(t, \sigma; S(t))b(t-\sigma)d\sigma$$
$$F(t; S(t)) = \int_0^\infty \beta(a+t, S(t))\Pi(a+t, t, t; S)p_0(a)da \quad (4.2.9)$$

$S(t)$ についても同様であるので，それは省略する．

p_0, b と S の平衡状態を p^*, v^*, V^* として，摂動を q_0, U_0, U_1 とする：

$$p_0(a) = p^*(a) + q_0(a), \quad b(t) = v^* + U_0(t), \quad S(t) = V^* + U_1(t) \quad (4.2.10)$$

ここで，

$$p^*(a) = v^*\Pi(a; V^*), \quad \int_0^\infty \beta(a, V^*)\Pi(a; V^*)da = 1 \quad (4.2.11)$$

であり，

$$\Pi(a; V^*) := \exp\left(-\int_0^a \mu(\sigma; V^*)d\sigma\right)$$

であった．

はじめに生残率と出生率を線形化しよう．テイラー展開と $e^{-x} \approx 1-x$ を用いて，2次の微少量を消去すれば，

$$\Pi(a, t, x; S(t)) = \exp\left(-\int_0^x \mu(a-\sigma, S(t-\sigma))d\sigma\right)$$
$$\approx \frac{\Pi(a; V^*)}{\Pi(a-x; V^*)}\left(1 - \int_0^x \frac{\partial \mu}{\partial S}(a-\sigma; V^*)U_1(t-\sigma)d\sigma\right)$$
$$\beta(a, S) \approx \beta(a, V^*) + \frac{\partial \beta}{\partial S}(a, V^*)U_1(t)$$
$$(4.2.12)$$

そこで純再生産率は以下のように線形化される：

$$K(t, \sigma; S) = \beta(\sigma, S)\Pi(\sigma, t, \sigma; S)$$
$$\approx \beta(\sigma, V^*)\Pi(\sigma; V^*)\left(1 - \int_0^\sigma \frac{\partial \mu}{\partial S}(\sigma-x, V^*)U_1(t-x)dx\right)$$
$$+ \frac{\partial \beta}{\partial S}(\sigma, V^*)\Pi(\sigma; V^*)U_1(t)$$
$$(4.2.13)$$

(4.2.10), (4.2.13) を適用すれば，再生方程式 (4.2.9) の合成積の線形部分は以下のように計算される：

$$\int_0^t K(t,\sigma;S)b(t-\sigma)d\sigma$$
$$= v^* \int_0^t \beta(\sigma,V^*)\Pi(\sigma;V^*)d\sigma + \int_0^t \beta(\sigma,V^*)\Pi(\sigma;V^*)U_0(t-\sigma)d\sigma$$
$$+ v^* \int_0^t \frac{\partial \beta}{\partial S}(\sigma,V^*)\Pi(\sigma;V^*)d\sigma U_1(t)$$
$$- v^* \int_0^t \beta(\sigma,V^*)\Pi(\sigma;V^*) \int_0^\sigma \frac{\partial \mu}{\partial S}(\sigma-x;V^*)U_1(t-x)dxd\sigma$$
(4.2.14)

また初期データ部分は以下のように線形化される：

$$F(t;S(t)) = \int_0^\infty \beta(a+t,V^*)\frac{\Pi(a+t;V^*)}{\Pi(a;V^*)}q_0(a)da$$
$$+ \int_0^\infty \beta(a+t,V^*)\frac{\Pi(a+t;V^*)}{\Pi(a;V^*)}p^*(a)da$$
$$- \int_0^\infty \beta(a+t,V^*)\frac{\Pi(a+t;V^*)}{\Pi(a;V^*)}\int_0^t \frac{\partial \mu}{\partial S}(a+t-x,V^*)U_1(t-x)dx p^*(a)da$$
$$+ \int_0^\infty \frac{\partial \beta}{\partial S}(a+t,V^*)\frac{\Pi(a+t;V^*)}{\Pi(a;V^*)}p^*(a)da U_1(t)$$
(4.2.15)

(4.2.14) と (4.2.15) を加えれば，その定数部分は

$$v^* \int_0^t \beta(\sigma,V^*)\Pi(\sigma;V^*)d\sigma + \int_0^\infty \beta(a+t,V^*)\frac{\Pi(a+t;V^*)}{\Pi(a;V^*)}p^*(a)da = v^*$$

となる．ここで

$$\int_0^\infty \beta(a+t,V^*)\frac{\Pi(a+t;V^*)}{\Pi(a;V^*)}p^*(a)da = v^* \int_t^\infty \beta(a,V^*)\Pi(a;V^*)da$$

となることと，(4.2.11) を用いた．

以上から，線形化方程式は

$$U_0(t) = a_{01}U_1(t) + \int_0^t A_{00}(t-\sigma)U_0(\sigma)d\sigma + \int_0^t A_{01}(t-\sigma)U_1(\sigma)d\sigma$$
(4.2.16)

となる．そこで，以下のように (4.2.7) の表現を確認できる：

$$a_{01} = \int_0^\infty \frac{\partial \beta}{\partial S}(a+t, V^*)\frac{\Pi(a+t; V^*)}{\Pi(a; V^*)} p^*(a) da$$
$$+ v^* \int_0^t \frac{\partial \beta}{\partial S}(\sigma, V^*)\Pi(\sigma; V^*) d\sigma$$
$$= v^* \int_0^\infty \frac{\partial \beta}{\partial S}(\sigma, V^*)\Pi(\sigma; V^*) d\sigma$$

$$A_{00}(\sigma) = \beta(\sigma, V^*)\Pi(\sigma; V^*)$$
$$A_{01}(\sigma) = -v^* \int_0^\infty \beta(\sigma+s, V^*)\Pi(\sigma+s; V^*)\frac{\partial \mu}{\partial S}(s) ds$$
$$= -v^* \int_0^\infty A_{00}(\sigma+s)\frac{\partial \mu}{\partial S}(s) ds$$

ここで A_{01} の計算がやっかいであるが，まず合成積の部分から積分の順序変更によって，

$$-v^* \int_0^t \beta(\sigma, V^*)\Pi(\sigma; V^*) \int_0^\sigma \frac{\partial \mu}{\partial S}(\sigma - x; V^*) U_1(t-x) dx d\sigma$$
$$= -v^* \int_0^t d\sigma U_1(t-\sigma) \int_0^{t-\sigma} \beta(s+\sigma, V^*)\Pi(s+\sigma; V^*)\frac{\partial \mu}{\partial S}(s, V^*) ds$$

また初期データ部分から，

$$-\int_0^\infty \beta(a+t, V^*)\frac{\Pi(a+t; V^*)}{\Pi(a; V^*)} \int_0^t \frac{\partial \mu}{\partial S}(a+t-x, V^*) U_1(t-x) dx p^*(a) da$$
$$= -v^* \int_0^\infty \beta(a+t, V^*)\Pi(a+t; V^*) \int_0^t \frac{\partial \mu}{\partial S}(a+t-x, V^*) U_1(t-x) dx da$$
$$= -v^* \int_0^t d\sigma U_1(t-\sigma) \int_0^\infty \beta(a+t, V^*)\Pi(a+t; V^*)\frac{\partial \mu}{\partial S}(a+t-\sigma, V^*) da$$
$$= -v^* \int_0^t d\sigma U_1(t-\sigma) \int_{t-\sigma}^\infty \beta(s+\sigma, V^*)\Pi(s+\sigma; V^*)\frac{\partial \mu}{\partial S}(s, V^*) ds$$

ここで和をとれば，積分核 $A_{01}(\sigma)$ が得られる．

同様にして $S(t)$ に関する方程式を線形化して，$U_1(t)$ に関する線形積分方程式を得ることができる．そこで，$(b(t), S(t))$ の非線形積分方程式は，以下のような連立積分方程式に書き換えられる：

$$U(t) = BU(t) + \int_0^t A(t-\sigma)U(\sigma)d\sigma + F(t) \qquad (4.2.17)$$

ここで,

$$U(t) = \begin{pmatrix} U_0(t) \\ U_1(t) \end{pmatrix}, \quad B = \begin{pmatrix} 0 & a_{01} \\ 0 & 0 \end{pmatrix}, \quad A(\sigma) = \begin{pmatrix} A_{00}(\sigma) & A_{01}(\sigma) \\ A_{10}(\sigma) & A_{11}(\sigma) \end{pmatrix}$$

であり, $F(t)$ は U の2次以上の微少量に対応する非線形項である. したがって,

$$U(t) = (E-B)^{-1}\int_0^t A(t-\sigma)U(\sigma)d\sigma + (E-B)^{-1}F(t) \qquad (4.2.18)$$

という摂動されたヴォルテラ積分方程式を得る. 付録の定理 B.3.1 から, 積分核 $(E-B)^{-1}A(\sigma)$ に対応するレゾルベント核が可積分であるならば, 零解 $U=0$ は安定であることがわかる. ペーリー–ウィーナーの定理 (定理 B.2.1) から, レゾルベント核が可積分であるためには特性方程式

$$\det(E - (E-B)^{-1}\hat{A}(\lambda)) = 0 \qquad (4.2.19)$$

が右半平面に根をもたないことが必要十分である. これは特性方程式 (4.2.8) の根がすべて負の実部をもつという条件と同値である. 同様な計算は [77] においておこなわれている.

4.3 安定性と不安定性

前節で導入された特性方程式 (4.2.8) は (3.1.2) の平衡点を研究するための主要な道具である. はじめに付録 B の理論を適用して以下の結果を得る:

定理 4.3.1 $p^*(a) = v^*\Pi(a; V^*)$ を (3.1.2) の定常解とする. このとき対応する特性方程式 (4.2.8) が負の実部をもつ根のみをもてば, $p^*(\cdot)$ は漸近的に安定である.

証明 $(v^*, V_1^*, ..., V_n^*)$ を $p^*(\cdot)$ に対応する (4.2.3) の定常解とし, (4.2.6) の線形化を考える. このとき付録 B の定理 B.3.1 によって, 任意の $\epsilon > 0$ に対して, $\eta > 0$ が存在して

$$|p_0 - p^*|_{L^1} = |q_0|_{L^1} \leq \eta \tag{4.3.1}$$

であれば

$$|U_i(t)| \leq \epsilon, \quad \forall t \geq 0, \quad \lim_{t \to \infty} U_i(t) = 0 \tag{4.3.2}$$

となる．いま (4.3.1) が満たされれば，(4.2.1) によって

$$\sup_{t \in [0, a_\dagger]} |p(\cdot, t) - p^*(\cdot)|_{L^1} \leq |p_0 - p^*|_{L^1} + 2a_\dagger [1 + a_\dagger v^* H(M)] \sum_{i=0}^{n} \sup_{t \geq 0} |U_i(t)| \tag{4.3.3}$$

であり，また $t > a_\dagger$ に対しては，

$$|p(\cdot, t) - p^*(\cdot)|_{L^1} \leq [1 + a_\dagger v^* H(M)] \sum_{i=0}^{n} \int_{t - a_\dagger}^{t} |U_i(\sigma)| d\sigma \tag{4.3.4}$$

となる．ここで $M > \epsilon + \sum_{i=0}^{n} V_i^*$ である．これらの評価は

$$|p(\cdot, t) - p^*(\cdot)|_{L^1} \leq \eta + 2(n+1)a_\dagger [1 + a_\dagger v^* H(M)]\epsilon$$

$$\lim_{t \to \infty} |p(\cdot, t) - p^*(\cdot)|_{L^1} = 0$$

を意味している．というのも ϵ は任意であり，η は任意に小さくとれるからである．□

演習 4.1 上記の評価 (4.3.3), (4.3.4) を示せ（ヒント：$a > t$ においては $p^*(a) = p^*(a-t)\Pi(a, t, t; V^*)$ と書けることを利用する）．

上に示された定理はまだ不完全である．というのも特性方程式の根の（複素平面上の）位置は不安定性の条件を与えるからである．実際，定理 4.3.1 に加えて以下を得る．

定理 4.3.2 $p^*(a) = v^*\Pi(a; V^*)$ を (3.1.2) の定常解とする．このとき対応する特性方程式 (4.2.8) が正の実部をもつ根をもてば，$p^*(\cdot)$ は不安定である．

しかしながらこの結果の証明は，付録 B においてスケッチした積分方程式の理論によっては実行できない．むしろ無限次元力学系の関数解析的枠組み

4.3 安定性と不安定性

を用いることが必要であろう（[49] および [202] を見よ）．それゆえ，この結果はモデルの解析において非常に重要であり，かつ以下の節で用いられるが，その証明は省かねばならない．

これより，自明な平衡解に関するもっとも重要な一般的結果を得ることができる：

命題 4.3.3 純再生産率 (3.3.6) は $\mathcal{R}(0,...,0) < 1$ を満たすとする．このとき自明な定常解 $p^*(a) \equiv 0$ は漸近的に安定である．もし $\mathcal{R}(0,...,0) > 1$ であれば $p^*(a) \equiv 0$ は不安定である．

証明 はじめに自明な定常解については $v^* = 0$ であり，方程式 (4.2.8) は

$$\hat{A}_{00}(\lambda) = \int_0^\infty e^{-\lambda\sigma}\beta(\sigma,0,...,0)e^{-\int_0^\sigma \mu(a,0,...,0)da}d\sigma = 1 \quad (4.3.5)$$

となることに注意しよう．したがって $A_{00}(\sigma) \geq 0$ であるから，定理 1.5.1 の議論から，もし $\hat{A}_{00}(0) < 1$ であれば，この方程式のすべての根は負の実部をもち，もし $\hat{A}_{00}(0) > 1$ であれば少なくとも1つの正根がある．$\hat{A}_{00}(0) = \mathcal{R}(0,...,0)$ であるから，主張は示された．□

自明な平衡解に関するこの定理の結果は非常に単純であり，純再生産率が安定性に関するキーパラメータであることがわかる．それゆえ，モデルの特徴的な定数の関数として純再生産率がいかに変化するかということの解析が残される．非自明な平衡解を考察する際には，特性方程式は (4.3.5) よりも複雑となり，その根の位置に関してなんらかの研究を実行することが必要である．さらにモデルの特徴的なパラメータが変化した場合に，この位置がいかに変わるかを見ることは興味深い．以下の節は，この種のモデルの議論において用いられるいくつかの基礎的な結果の予備的研究にあてられる．

4.4 特性方程式に関するいくつかの結果

安定性の研究に対する応用の観点から，複素平面上で以下の方程式を考察しよう：

$$\hat{K}_0(\lambda) + F(\lambda, \tau) = 1 \tag{4.4.1}$$

ここで $K_0(\cdot) : [0, \infty) \to \mathbb{R}$ は以下を満たす：

$$K_0(t) \geq 0, \ K_0(t) = 0 \ \ t > T, \ \int_0^\infty K_0(t)dt = 1 \tag{4.4.2}$$

$$F(\lambda, \tau) : \mathbb{C} \times \mathbb{R} \to \mathbb{C} \ \text{は} \ \mathbb{C} \times \mathbb{R} \ \text{において連続的微分可能} \tag{4.4.3}$$

$$F(\lambda, 0) = 0, \ \ \forall \lambda \in \mathbb{C}, \ \ \frac{\partial F}{\partial \tau}(0, 0) > 0 \tag{4.4.4}$$

$M > 0, \ \beta < 0$ が存在して十分小さな τ と $\Re \lambda \geq \beta$ について

$|F(\lambda, \tau)| < M|\tau|$ となる
$\tag{4.4.5}$

われわれは方程式 (4.4.1) の根の，虚軸に対する位置関係に関心をもっているわけであるが，定理 1.5.1 において，すでに $\tau = 0$ という特別な場合を本質的に取り扱っている．

命題 4.4.1 ある δ が存在して，$\tau \in [0, \delta]$ であれば，方程式 (4.4.1) は正の実根をもち，$\tau \in [-\delta, 0]$ であれば (4.4.1) のすべての根は負の実部をもつ．

証明 はじめに方程式

$$\hat{K}_0(\lambda) = 1 \tag{4.4.6}$$

は実根 $\lambda_0 = 0$ をもち，それはある $\alpha \in (\beta, 0)$ をとれば半平面 $\Re \lambda \geq \alpha$ において唯一の根である．そこで

$$m = \inf_{y \in \mathbb{R}} |1 - \hat{K}_0(\alpha + iy)| > 0$$

とおき，$L > 0$ を $|\lambda| > L, \ \Re \lambda \geq \alpha$ において

$$\frac{1}{2} < |1 - \hat{K}_0(\lambda)|$$

となるようにとる．このとき τ が十分小で，

$$|\tau| < \frac{(m \wedge \frac{1}{2})}{M}$$

であれば，$\rho > L$ として，図 4.1 に示されたような任意の領域 Σ_ρ の境界上で

$$|F(\lambda, \tau)| < |1 - \hat{K}_0(\lambda)|$$

が成り立つ．したがってルーシェの定理によって方程式 (4.4.1) は半平面 $\Re \lambda \geq \alpha$ において唯一の根をもつ．

この根の位置をきめるために，$\lambda(\tau)$ は (4.4.1) の根であり，$\lambda(0) = 0$ を出発点とする複素平面上の微分可能な道とする．このとき (4.4.1) から

$$\left.\frac{d\lambda}{d\tau}\right|_{\tau=0} = \frac{\frac{\partial F}{\partial \tau}(0,0)}{\int_0^\infty t K_0(t) dt} > 0$$

であるから，$\lambda(0) = 0$ をスタートした道は，τ が 0 から増大すれば，虚軸の右へ動き，τ が減少すれば左へ動く．□

以上の結果は局所的なもので，われわれは根が虚軸を横断する点に関心があるから，

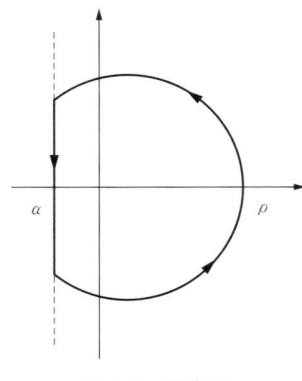

図 **4.1** 領域 Σ_ρ

$$\tau_- = \inf\{\delta | \tau \in [\delta, 0) \text{ について } (4.4.1) \text{ の任意の根は負の実部をもつ }\} \tag{4.4.7}$$

$$\tau_+ = \sup\{\delta | \tau \in (0, \delta] \text{ について } (4.4.1) \text{ の少なくとも 1 つの根は正の実部をもつ}\} \tag{4.4.8}$$

と定義する．

(4.4.1) の特別な場合として，方程式

$$\hat{K}_0(\lambda) + \tau \hat{K}_1(\lambda) = 1 \tag{4.4.9}$$

を考察しよう．ここで $K_1(\cdot)$ は

$$K_1(t) \geq 0, \quad K_1(t) = 0, \quad t > T, \quad \int_0^\infty K_1(t)dt = 1 \tag{4.4.10}$$

を満たす．正の τ について以下を得る．

命題 4.4.2 もし $\tau > 0$ であれば，方程式 (4.4.9) は正根をもち，したがって $\tau_+ = \infty$ である．

証明 はじめに

$$L(t) = K_0(t) + \tau K_1(t)$$

とおけば，(4.4.9) は

$$\hat{L}(\lambda) = 1$$

と書ける．仮定から $L(t) \geq 0$ かつ $\hat{L}(0) = 1 + \tau$ であるから，定理 1.5.1 の証明と同様にして，この方程式が唯一の正実根をもつことがわかる．□

τ_- に関して，以下の結果は任意の $\tau < 0$ について (4.4.9) の根が負の実部をもつための十分条件を述べている：

命題 4.4.3 $K_1(t)$ は

$$\int_0^\infty K_1(\sigma) \cos(\omega\sigma) d\sigma \geq 0, \quad \forall \omega \in \mathbb{R} \tag{4.4.11}$$

を満たせば, $\tau_- = -\infty$ である.

証明 背理法による. $\tau_- > -\infty$ と仮定しよう. このとき τ_- に対応して方程式 (4.4.9) は純虚数の根 $\lambda = i\omega$ をもたねばならない. なぜなら, もしそうでなければ命題 4.4.1 の証明に従えば, (4.4.9) の根はある区間 $[\delta, \tau_-]$ の τ について負の実部をもつことが証明できるからである. そこで (4.4.9) から

$$1 = \int_0^\infty K_0(\sigma)\cos(\omega\sigma)d\sigma + \tau_- \int_0^\infty K_1(\sigma)\cos(\omega\sigma)d\sigma$$

であるが, これは不可能である. というのももし $\omega = 0$ ならば

$$1 = 1 + \tau_- < 1$$

を意味するし, またもし $\omega \neq 0$ であれば (4.4.11) によって

$$1 \leq \int_0^\infty K_0(\sigma)\cos(\omega\sigma)d\sigma < 1$$

となるからである. □

条件 (4.4.11) は以下のような特別な場合には満たされる:

命題 4.4.4 $K_1(\cdot) \in C^2[0,\infty)$ であり,

$$K_1''(t) \geq 0 \tag{4.4.12}$$

であれば, 条件 (4.4.11) は満たされる.

証明 $t \geq T$ において $K_1(t) = K_1'(t) = 0$ であることに注意しよう. このとき部分積分によって以下を得る:

$$\int_0^\infty K_1(\sigma)\cos(\omega\sigma)d\sigma$$
$$= \left[\frac{1}{\omega}K_1(\sigma)\sin(\omega\sigma)\right]_{\sigma=0}^{\sigma=T} - \frac{1}{\omega}\int_0^\infty K_1'(\sigma)\sin(\omega\sigma)d\sigma$$
$$= \left[\frac{1}{\omega^2}K_1'(\sigma)\cos(\omega\sigma)\right]_{\sigma=0}^{\sigma=T} - \frac{1}{\omega^2}\int_0^\infty K_1''(\sigma)\cos(\omega\sigma)d\sigma$$

$$= \frac{1}{\omega^2}\left[-K_1'(0) - \int_0^\infty K_1''(\sigma)\cos(\omega\sigma)d\sigma\right]$$
$$= \frac{1}{\omega^2}\int_0^\infty K_1''(\sigma)[1-\cos(\omega\sigma)]d\sigma \geq 0$$

□

しかしながら条件 (4.4.11) は制約的であり，一般には $\tau_- > -\infty$ である．以下の例は特殊なものであるが，応用においては多少現実的である：

$$\begin{cases} K_0(t) = K_1(t) = \frac{\pi}{2T}\sin\left(\frac{\pi t}{T}\right), & t \in [0, T] \\ K_0(t) = K_1(t) = 0, & t \in [T, \infty) \end{cases} \quad (4.4.13)$$

まずはじめに K_0 と K_1 が一致しているという理由のみによって，$\tau_- \leq -2$ を得ることに注意しよう．実際，(4.4.9) は

$$(1+\tau)\hat{K}_0(\lambda) = 1 \qquad (4.4.14)$$

となり，$\Re\lambda \geq 0$ かつ $\tau \in (-2, 0)$ であれば，

$$|(1+\tau)\hat{K}_0(\lambda)| < 1$$

を得る．したがってこのとき λ は (4.4.9) の根ではありえない．

ついで方程式 (4.4.9) に虚根を許すような τ の値を求めよう．この方程式は (4.4.13) という特別な選択によって

$$\frac{1+\tau}{2}\frac{1+e^{-\lambda T}}{1+\left(\frac{\lambda T}{\pi}\right)^2} = 1$$

となる．$\lambda = i\omega$ とおけば，同値なシステム

$$\sin(\omega T) = 0, \quad \frac{1+\tau}{2}\frac{1+\cos(\omega T)}{1-\left(\frac{\omega T}{\pi}\right)^2} = 1$$

を得るが，これは $\tau = -4k^2$ ($k = 1, 2, ...$) のときのみ，対応する根 $\lambda_k = \pm\frac{2k\pi}{T}i$ をもつ．それゆえ $\tau_- = -4$ である．さらに任意の $\tau = -4k^2$ において，2つの根が τ が減少するにしたがって，虚軸を横切ることがわかる．実際，

$$\left.\frac{d}{d\tau}\Re\lambda\right|_{\tau=-4k^2} < 0$$

であることは容易に確かめられ，$\tau < -4$ においては少なくとも 2 つの根は正の実部を有する．

4.5 アリー・ロジスティックモデル再論

ここでは，(3.4.1), (3.4.2) で考察したアリー・ロジスティックモデルへ戻り，平衡点の安定性を調べるために前節で主張した諸結果を適用する．ここではいくつかの特別な場合を考え，特徴的なパラメータに依存していかに安定性が変化するかを見ていこう．主な仮定としてサイズ S に独立な死亡率を考察する：

$$\mu(a, S) = \mu_0(a) \tag{4.5.1}$$

この場合，非自明な平衡点 V^* に対応して，線形化手続きは以下を与える ((4.2.7) を見よ)：

$$\begin{aligned}
&a_{00} = a_{10} = a_{11} = 0, \quad a_{01} = \frac{V^* \mathcal{R}'(V^*)}{\int_0^{a_\dagger} \gamma(s)\Pi_0(s)ds} \\
&A_{00}(\sigma) = \begin{cases} \beta(\sigma, V^*)\Pi_0(\sigma), & \sigma \in [0, a_\dagger] \\ 0, & \sigma > a_\dagger \end{cases} \\
&A_{10}(\sigma) = \begin{cases} \gamma(\sigma)\Pi_0(\sigma), & \sigma \in [0, a_\dagger] \\ 0, & \sigma > a_\dagger \end{cases} \\
&A_{01}(\sigma) \equiv A_{11}(\sigma) \equiv 0
\end{aligned} \tag{4.5.2}$$

ここで

$$\Pi_0(t) = e^{-\int_0^t \mu_0(\sigma)d\sigma}$$

とおいた．したがって特性方程式は (4.4.9) の形をもち，

$$K_0(t) = A_{00}(t), \quad K_1(t) = \frac{A_{10}(t)}{\int_0^{a_\dagger} \gamma(s)\Pi_0(s)ds} \qquad (4.5.3)$$

$$\tau = V^* \mathcal{R}'(V^*) \qquad (4.5.4)$$

である．

仮定 (3.4.4) のもとで，もし唯一の非自明な平衡解 V^* が存在すれば，

$$\mathcal{R}(0) > 1, \quad \mathcal{R}'(V^*) < 0$$

が従い，もし 2 つの平衡解 $V_1^* < V_2^*$ があれば

$$\mathcal{R}(0) < 1, \quad \mathcal{R}'(V_1^*) > 0, \quad \mathcal{R}'(V_2^*) < 0$$

である．それゆえ，命題 4.3.3 を用いて，以下の予備的な結果を得る：

命題 4.5.1 アリー・ロジスティックモデル (3.4.1), (3.4.2) について，(3.4.4) および (4.5.1) が満たされているならば，以下を得る：

もし非自明な平衡解が存在しなければ，自明な平衡解は安定である．
$$\qquad (4.5.5)$$

もし唯一の非自明な平衡解が存在すれば，自明な平衡解は不安定である．
$$\qquad (4.5.6)$$

もし 2 つの非自明な平衡解が存在すれば，そのうち 1 つは不安定であり，自明な平衡解は安定である．
$$\qquad (4.5.7)$$

この定理において $\mathcal{R}'(V_2^*) < 0$ となる平衡解 V_2^* の性質はまだきめられないが，(4.5.1) に加えて，$\beta(a, S)$ についてより特殊な形態を仮定すれば，結果を得ることができる．このために以下の仮定をもつ**純粋なロジスティックモデル** (purely logistic model) を考察する：

$$\beta(a, S) = \mathcal{R}_0 \beta_0(a) \phi(S), \quad \mu_0(a, S) = \mu_0(a) \qquad (4.5.8)$$

上記の仮定のもとで，以下のシステムを得る：

$$p_t(a,t) + p_a(a,t) + \mu_0(a)p(a,t) = 0$$
$$p(0,t) = \mathcal{R}_0 \phi(S(t)) \int_0^{a_\dagger} \beta_0(\sigma)p(\sigma,t)d\sigma$$
$$p(a,0) = p_0(a) \tag{4.5.9}$$
$$S(t) = \int_0^{a_\dagger} \gamma(\sigma)p(\sigma,t)d\sigma$$

ここで $\phi : [0,\infty) \to (0,\infty)$ は

$$\phi(0) = 1, \quad \phi'(x) < 0, \quad \lim_{x \to \infty} \phi(x) = 0 \tag{4.5.10}$$

$$\int_0^{a_\dagger} \beta_0(a) \Pi_0(a) da = 1 \tag{4.5.11}$$

を満たすと仮定する．これらの仮定によって純再生産率は

$$\mathcal{R}(V) = \mathcal{R}_0 \phi(V) \tag{4.5.12}$$

で与えられ，それは減少関数であり，平衡点の存在については以下を得る ((3.4.6) を見よ)：

もし $\mathcal{R}_0 \leq 1$ であれば，非自明な平衡解は存在しない．
もし $\mathcal{R}_0 > 1$ であれば，唯一の非自明な平衡解が存在する． (4.5.13)

はじめに命題 4.3.3 によって以下を得ることに注意しよう．

自明な平衡解は $\mathcal{R}_0 < 1$ ならば安定であり，$\mathcal{R}_0 > 1$ ならば不安定である．
(4.5.14)

そこで $\mathcal{R}_0 > 1$ の場合を考えて，非自明な平衡解 $V^* = \phi^{-1}(\frac{1}{\mathcal{R}_0})$ における線形化をおこなう．この場合 (4.5.2) において a_{01} と A_{00} は以下の形態をとる：

$$a_{01} = \frac{\mathcal{R}_0 \phi^{-1}\left(\frac{1}{\mathcal{R}_0}\right) \phi'\left(\phi^{-1}\left(\frac{1}{\mathcal{R}_0}\right)\right)}{\int_0^{a_\dagger} \gamma(s)\Pi_0(s)ds}$$

$$A_{00}(\sigma) = \begin{cases} \beta_0(\sigma)\Pi_0(\sigma), & \sigma \in [0, a_\dagger] \\ 0, & \sigma > a_\dagger \end{cases}$$

(4.4.9) の形態の特性方程式については,

$$K_0(t) = A_{00}(t), \quad K_1(t) = \frac{A_{10}(t)}{\int_0^{a_\dagger} \gamma(s)\Pi_0(s)ds} \quad (4.5.15)$$

$$\tau = \tau(\mathcal{R}_0) = \mathcal{R}_0 \phi^{-1}\left(\frac{1}{\mathcal{R}_0}\right) \phi'\left(\phi^{-1}\left(\frac{1}{\mathcal{R}_0}\right)\right) \quad (4.5.16)$$

を得る. K_0 と K_1 の双方とも $\mathcal{R}_0$ が変化しても不変である. このとき特性方程式 (4.4.9) において τ のみが $\mathcal{R}_0$ に依存する変数であり, $\mathcal{R}_0$ の関数として τ の値域を見ることによって, $\mathcal{R}_0$ が 1 から ∞ へ動くとき, 非自明な平衡解の安定性を追跡できる.

とくに τ は負で, $\tau(1) = 0$ であることに注意する. それゆえもし $\mathcal{R}_0$ が 1 に近ければ, 非自明な平衡解は安定であり, いくつかの根が虚軸を横切る以前の最大区間 $[1, \mathcal{R}_0^*]$ を決定すること, すなわち $\tau_- = \tau(\mathcal{R}_0^*)$ となる $\mathcal{R}_0^*$ を見つけることが問題となる.

むろん $\mathcal{R}_0^*$ は関数 ϕ と核 K_0 と K_1 の性質に依存するであろう. 以下の諸結果は, この状況を完全に解明できるように設定された特別な仮定に依拠している.

命題 4.5.2 ロジスティックモデル (4.5.8)–(4.5.11) を考え, さらに

$$\text{関数} \gamma(a)\Pi_0(a) \text{ は非増加で凸である} \quad (4.5.17)$$

と仮定する. このとき非自明な平衡解は $\mathcal{R}_0 > 1$ ならば安定である.

この結果の証明は命題 4.4.4 において $\tau_- = -\infty$ となることの直接的な結果である. (4.5.17) は, もし

$$\gamma(a) \equiv 1, \quad \mu_0'(a) \leq \mu_0^2(a) \quad (4.5.18)$$

であれば満たされる. そこで例 (4.4.13) に基づいた特別な核を考察する. このとき $\tau_- = -4$ であり, ϕ は特別な形をしている.

命題 4.5.3 ロジスティックモデル (4.5.8)–(4.5.11) を考え，さらに

$$\phi(x) = e^{-x}, \quad \beta_0(a) = \gamma(a), \quad \beta_0(a)\Pi_0(a) = \frac{\pi}{2a_\dagger}\sin\left(\frac{\pi a}{a_\dagger}\right) \quad (4.5.19)$$

と仮定する．このとき $\mathcal{R}_0^* = e^4$ である．

実際，$\phi(x) = e^{-x}$ については，$\tau(R_0) = -\log \mathcal{R}_0$ を得る．さらに

命題 4.5.4 ロジスティックモデル (4.5.8)–(4.5.11) を考え，さらに

$$\phi(x) = \frac{1}{1+x}, \quad \beta_0(a) = \gamma(a), \quad \beta_0(a)\Pi_0(a) = \frac{\pi}{2a_\dagger}\sin\left(\frac{\pi a}{a_\dagger}\right)$$
$$(4.5.20)$$

と仮定する．このとき非自明な平衡解は $\mathcal{R}_0 > 1$ ならば安定である．

この後者の結果は，$\phi(x) = \frac{1}{1+x}$ については $\tau(\mathcal{R}_0) = \frac{1}{\mathcal{R}_0} - 1$ となることから従う．

仮定 $\beta_0(a) = \gamma(a)$ は，$S(t) = B(t)$ と仮定すること，すなわち動態パラメータは出生率に依存すると仮定することと同値であることに注意しよう．

3.4 節の終わりに定義した共食いモデル (3.4.13)–(3.4.15) も考えよう．以下のようにセットする：

$$\beta(a, S) = \beta_0(a), \quad \mu(a, S) = \mu_0(a) + \mu_1(a)k\phi(S) \quad (4.5.21)$$

ここでパラメータ k と増加関数 $\phi(\cdot)$ を導入した．

以下の関数を定義する[1]．

$$\Gamma(x) = \int_0^{a_\dagger} \beta_0(a)\Pi_0(a)e^{-M(a)x}da$$

これは減少関数であり，

$$\Gamma(0) = \mathcal{R}_0 = \int_0^{a_\dagger} \beta_0(a)\Pi_0(a)da, \quad \Gamma(\infty) = 0$$

---

1) (3.4.17) の定義を参照．

であるから，もし $\mathcal{R}_0 > 1$ であれば，$\Gamma(x^*) = 1$ となる唯一の根 x^* が存在する．このとき
$$\mathcal{R}(V) = \Gamma(k\phi(V))$$
であるから，唯一の非自明な平衡解のサイズ V^* が
$$V^* = \phi^{-1}\left(\frac{x^*}{k}\right)$$
で与えられる．この平衡点における特性方程式に関しては，
$$a_{ij} = 0, \quad \forall i,j$$
$$A_{00}(\sigma) = \begin{cases} \beta_0(\sigma)\Pi_0(\sigma)e^{-\mu_1(\sigma)x^*}, & \sigma \in [0, a_\dagger] \\ 0, & \sigma > a_\dagger \end{cases}$$
$$A_{10}(\sigma) = \begin{cases} \gamma(\sigma)\Pi_0(\sigma)e^{-\mu_1(\sigma)x^*}, & \sigma \in [0, a_\dagger] \\ 0, & \sigma > a_\dagger \end{cases}$$
$$A_{01}(\sigma) = \tau A_{01}^0(\sigma), \quad A_{11}(\sigma) = \tau A_{11}^0(\sigma)$$
を得る．ここで
$$\tau = -\frac{k\phi^{-1}\left(\frac{x^*}{k}\right)\phi'\left(\phi^{-1}\left(\frac{x^*}{k}\right)\right)}{\int_0^{a_\dagger} \beta_0(\sigma)\Pi_0(\sigma)e^{-\mu_1(\sigma)x^*}d\sigma} \qquad (4.5.22)$$
であり，
$$A_{01}^0(\sigma) = \int_0^{a_\dagger} \mu_1(s)A_{00}(s+\sigma)ds, \quad A_{11}^0(\sigma) = \int_0^{a_\dagger} \mu_1(s)A_{10}(s+\sigma)ds$$
である．それゆえ，特性方程式は以下の形態をとる（(4.4.1) を見よ）：
$$\hat{K}_0(\lambda) + \tau F(\lambda) = 1$$
ここで
$$K_0(\sigma) = A_{00}(\sigma), \quad F(\lambda) = \hat{A}_{11}^0(\lambda) + \hat{A}_{00}(\lambda)\hat{A}_{11}^0(\lambda) + \hat{A}_{10}(\lambda)\hat{A}_{01}^0(\lambda)$$

である．x^* は β_0, μ_0, μ_1 にのみ依存しているから，$K_0(t)$ と $F(\lambda)$ の双方ともにパラメータ k，関数 $\phi(\cdot)$ に依存しない．したがってこれらのパラメータや関数に対応する安定性を，(4.5.22) で与えられる τ によって，4.4 節の結果を用いて議論できる（仮定 (4.4.2)–(4.4.5) は満たされていることに注意）．

演習 4.2 自己の属するコーホートのサイズに依存して出生率が制御されるモデル（イースタリンモデル [113]）においては，定常解における特性方程式は以下のような弾性パラメータ γ を含んだ式になる：

$$(1-\gamma)\hat{K}_0(\lambda) = 1$$

ここで K_0 は標準純再生産率関数であり，(4.4.2) のように与えられている．このとき，$\gamma < 0$ であれば定常解は不安定であり，$0 < \gamma < 1$ または $1 < \gamma < 2$ であれば局所漸近安定であることを示せ．またもし任意の実数 y に対して

$$\int_0^\infty K_0(a)\cos(ya)da \geq 0$$

であれば，$\gamma > 1$ のとき定常解はつねに局所漸近安定であることを示せ．

4.6 分岐

前節では，変化するパラメータのある値において定常状態がその安定性を失い，特性方程式の 2 つの根が虚軸を横切って右へ移動する，という例を見た．これが起こる場合，周期解が生成され，**ホップ分岐** (Hopf bifurcation) が起きる．

この問題の厳密な取り扱いは，ここでは扱えない概念と方法（文献として [55] を見よ）を包含しているので，分岐の可能性にのみ言及し，現象の証拠を示すシミュレーションの例を掲げておく．

図 4.2 と図 4.3 においてロジスティックモデル (4.5.9) に関するシミュレーションを示している．関数は以下のように選択されている：

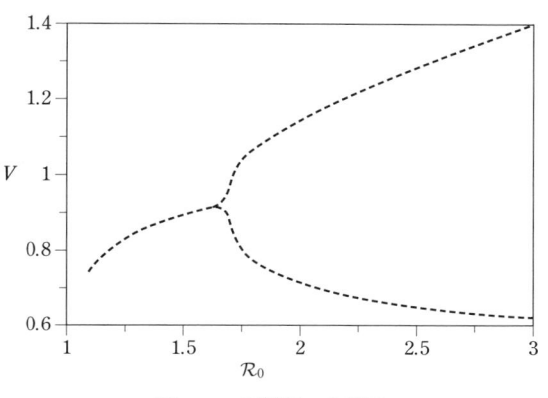

図 **4.2** 周期解の分岐図

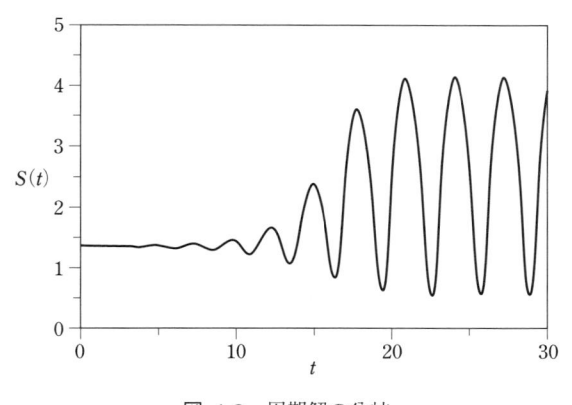

図 **4.3** 周期解の分岐

$$\mu_0(a) = \frac{1}{\pi - a}, \quad \beta_0(a)\Pi_0(a) = \frac{1}{2}\sin a, \quad \phi(x) = e^{-x^\alpha}, \quad \gamma(a) = \beta_0(a) \tag{4.6.1}$$

ここで $a_\dagger = \pi$ であり，α は一定のパラメータである．

図 4.2 においては，$\mathcal{R}_0$ の変化に伴う定常解のサイズと分岐解の振幅が示されている（分岐は $\mathcal{R}_0 = e^{\frac{4}{\alpha}}$ で起こっている）．図 4.3 においては，安定な周期解が存在するような $\mathcal{R}_0$ のある値における解の挙動が示されている．解はこの周期解に吸引されることがわかる．周期は近似的に $a_\dagger = \pi$ である．

4.6 分岐

4.7 著者ノート

人口のモデル化における重要なポイントの１つは，もちろん平衡点の局所的安定性である．前節において，年齢構造の存在によって，平衡点が不安定化して周期解が分岐するというような，さまざまな人口現象が生み出されることを見た．

それゆえ，年齢による動態率パラメータの差違というものは，年齢構造を無視できるような単一の同質的人口集団が生み出すことのできないような挙動の原因でありうる．この事実は Gurtin and MacCamy の論文 [79] において，常微分方程式系へ還元できる特別なモデル例を用いて，早くから指摘されてきた．4.5 節における分析は年齢構造とともになにが起こりうるか，ということの見本である．

平衡点の安定性は多くの論文で考察されている ([76], [77], [83], [84], [167]–[169], [181])．(4.4.13) の例は [168] からとられているし，共食いモデルは [55] ([69] も見よ) に刺激されたものであるが，そこでは特性方程式は 3.5 節で記述されたモデルの単純化されたヴァージョンについて研究されている．

4.6 節では周期解の分岐を考察した．この問題では再びわれわれのアプローチをあきらめて，力学系の理論を参照せねばならない[2]．図 4.2, 図 4.3 で示された数値シュミレーションはどのような現象が起きるかをよく示している．これらは [63], [156] で提案された離散化スキームを用いて実行された．（ミンモ・イアネリ）

♣

本書は，関数解析や無限次元力学系の高度な結果を使用せずに厳密な証明を与えるために，積分方程式を活用する立場で一貫して書かれているが，平衡解の線形化安定性を判定する特性方程式を導くだけであれば，偏微分方程式モデルを直接，平衡点で線形化して，指数関数型の解を探索するほうがわ

---

[2] 構造化個体群モデルのホップ分岐については [14], [53], [54], [147] などを参照．

かりやすい．例としてアリー・ロジスティックモデル (3.4.2) を考えてみよう．
上記の記号を流用して，平衡解からの摂動を

$$\xi(a,t) := p(a,t) - p^*(a), \quad U_1(t) := S(t) - V^*$$

とする．これを (3.4.2) に代入して，パラメータを平衡点のまわりでテイラー展開した上で，ξ と U_1 の 2 次以上の微小量を無視すれば，以下のような線形化方程式を得る：

$$\frac{\partial \xi(a,t)}{\partial t} + \frac{\partial \xi(a,t)}{\partial a} = -\mu(a,V^*)\xi(a,t) - \mu'_x(a,V^*)p^*(a)U_1(t)$$

$$\xi(0,t) = \int_0^{a_\dagger} \beta(\sigma,V^*)\xi(\sigma,t)d\sigma + \kappa U_1(t)$$

$$U_1(t) = \int_0^{a_\dagger} \gamma(\sigma)\xi(\sigma,t)d\sigma$$

$$\xi(a,0) = p_0(a) - p^*(a)$$

$$\kappa := \int_0^{a_\dagger} \beta'_x(\sigma,V^*)p^*(\sigma)d\sigma$$

(4.7.1)

そこで，線形化安定性を調べるために指数関数型の解を考えよう：

$$\xi(a,t) = e^{\lambda t}u_\lambda(a)$$

これを線形化方程式に代入すれば，$u_\lambda(a)$ が以下の方程式を満たすことがわかる：

$$u'_\lambda(a) = -(\lambda + \mu(a,V^*))u_\lambda(a) - \mu'_x(a,V^*)p^*(a)\int_0^{a_\dagger}\gamma(\sigma)u_\lambda(\sigma)d\sigma$$

$$u_\lambda(0) = \int_0^{a_\dagger}[\beta(\sigma,V^*) + \kappa\gamma(\sigma)]u_\lambda(\sigma)d\sigma$$

(4.7.2)

これを定数変化法の公式を用いて書き直せば，

$$u_\lambda(a) = u_\lambda(0)e^{-\lambda a}\Pi(a;V^*)$$
$$\qquad - p^*(a)\int_0^a e^{-\lambda(a-z)}\mu'_x(z,V^*)dz\int_0^{a_\dagger}\gamma(\sigma)u_\lambda(\sigma)d\sigma$$

ここでは $p^*(a) = v^*\Pi(a; V^*)$ であることを利用していることに注意しよう．両辺に γ をかけて積分すれば，以下の表現を得る：

$$\int_0^{a_\dagger} \gamma(\sigma) u_\lambda(\sigma) d\sigma = \frac{u_\lambda(0) \int_0^{a_\dagger} e^{-\lambda a} \gamma(a) \Pi(a; V^*) da}{1 + \int_0^{a_\dagger} \gamma(a) p^*(a) \int_0^a e^{-\lambda(a-z)} \mu_x'(z, V^*) dz da}$$

この表現を (4.7.2) の境界条件に代入して，$u_\lambda(0)$ でわれば，以下のような摂動の指数関数的成長率を決定する特性方程式を得る：

$$\begin{aligned}
1 &= \int_0^{a_\dagger} e^{-\lambda a} \beta(a, V^*) \Pi(a; V^*) da \\
&+ H(\lambda, V^*) \frac{\int_0^{a_\dagger} e^{-\lambda a} \gamma(a) p^*(a) da}{1 + \int_0^{a_\dagger} \gamma(a) p^*(a) \int_0^a e^{-\lambda(a-z)} \mu_x'(z, V^*) dz da}
\end{aligned}$$

ここで，H は以下で与えられる：

$$\begin{aligned}
H(\lambda, V^*) :&= \int_0^{a_\dagger} \beta_x'(a, V^*) \Pi(a; V^*) da \\
&- \int_0^{a_\dagger} \beta(a, V^*) \Pi(a; V^*) \int_0^a \mu_x'(z, V^*) e^{-\lambda(a-z)} dz da \\
&= \mathcal{R}'(V^*) + \int_0^{a_\dagger} \beta(a, V^*) \Pi(a; V^*) \int_0^a \mu_x'(z, V^*)(1 - e^{-\lambda(a-z)}) dz da
\end{aligned}$$

さらに p^* の表現

$$p^*(a) = \frac{V^* \Pi(a; V^*)}{\int_0^{a_\dagger} \gamma(\sigma) \Pi(\sigma; V^*) d\sigma}$$

を用いれば，特性方程式は以下のように書き直せる：

$$\begin{aligned}
1 &= \int_0^{a_\dagger} e^{-\lambda a} \beta(a, V^*) \Pi(a; V^*) da \\
&+ \frac{H(\lambda, V^*) V^* \int_0^{a_\dagger} e^{-\lambda a} \gamma(a) \Pi(a, V^*) da}{\int_0^{a_\dagger} \gamma(a) \Pi(a; V^*) da + V^* \int_0^{a_\dagger} \gamma(a) \Pi(a, V^*) \int_0^a e^{-\lambda(a-z)} \mu_x'(z, V^*) dz da}
\end{aligned}$$

したがって，死亡率のサイズ依存性がなければ，特性方程式は劇的に簡単になって，(4.4.9) の形になることがわかる．

特性方程式の根をその実部が大きい方から並べて，λ_j とすれば，第 1 章の線形人口モデルの結果から，摂動 ξ は以下のように漸近展開されると期待される：

$$\xi(a,t) \approx \sum_{j=0}^{\infty} \alpha_{\lambda_j} e^{\lambda_j t} u_{\lambda_j}(a)$$

ここで α_{λ_j} は展開係数である．したがって，線形化安定性の原理が成り立つのであれば，特性根の実部がすべて負であることが，平衡点の局所安定性の十分条件となる．しかしながら，この考察を正当化するためには，非線形発展方程式における高度な結果が必要となる ([49], [202])．　（稲葉 寿）

第5章
大域的挙動

　この章では，前章で議論された非線形モデルの大域的挙動を調べる．一般的にいえば，システムの大域的挙動を決定する問題は組織的には解決されないが，通常のアプローチは，システムによって提示される何らかの特別な性質を利用して，挙動を解析するための十分条件を提供するような方法に依拠している．

　本書で扱うモデルに関してもっとも一般的な手段は，モデル方程式を既知の方法が利用できるようなタイプの方程式へ還元することを可能とするような，何らかの特別な性質を利用することである．この点からすると，この問題にアプローチするもっとも自然な方法は，モデルから導かれるヴォルテラ方程式系を見いだして，同方程式の理論から導かれる方法を用いることである．しかしさらに満足すべき成果は，常微分方程式への還元が可能となる特殊な場合において得られる．

5.1　モデルのある特殊なクラスへの一般的アプローチ

　ここでは，3.4節，4.5節で扱われたサイズが1つのモデルを，サイズに独立な死亡率を仮定して考察する：

$$\mu(a, S) = \mu_0(a) \tag{5.1.1}$$

すなわち以下のような特別な場合を扱う：

$$\begin{aligned}
&p_t(a,t) + p_a(a,t) + \mu_0(a)p(a,t) = 0 \\
&p(0,t) = \int_0^{a_\dagger} \beta(\sigma, S(t))p(\sigma,t)d\sigma \\
&p(a,0) = p_0(a) \\
&S(t) = \int_0^{a_\dagger} \gamma(\sigma)p(\sigma,t)d\sigma
\end{aligned} \quad (5.1.2)$$

純再生産率は

$$\mathcal{R}(V) = \int_0^{a_\dagger} \beta(a,V)e^{-\int_0^a \mu_0(\sigma)d\sigma}da \quad (5.1.3)$$

である．すでに平衡解の局所的安定性を同値なシステム (4.2.2) によって議論したが，そのシステムはいまの場合

$$\begin{aligned}
&b(t) = \int_0^t K(a, S(t))b(t-a)da + F(t, S(t)) \\
&S(t) = \int_0^t H(a)b(t-a)da + G(t)
\end{aligned} \quad (5.1.4)$$

となる．ここで以下のようにおいた：

$$\begin{aligned}
&K(a,x) = \beta(a,x)\Pi_0(a), \quad F(t,x) = \int_t^\infty K(a,x)\frac{p_0(a-t)}{\Pi_0(a-t)}da \\
&H(a) = \gamma(a)\Pi_0(a), \quad G(t) = \int_t^\infty H(a)\frac{p_0(a-t)}{\Pi_0(a-t)}da \\
&\Pi_0(a) = e^{-\int_0^a \mu_0(\sigma)d\sigma}
\end{aligned}$$

以下では，解が与えられた平衡解へ吸引されるための条件を見いだすという問題を考察しよう．このために，固定された平衡解のサイズ $V^* \geq 0$ に対して，$(a,x) \in [0,a_\dagger] \times [0,\infty)$ について以下のように定義される関数を考える[1]：

---

[1] 以下では，$a > a_\dagger$ では $L_{V^*} = 0$ と拡張されている．

$$L_{V^*}(a,x) = \begin{cases} K(a,x) + H(a)\left(\frac{\mathcal{R}(x)-1}{x-V^*}\right)v^*, & x \neq V^* \\ K(a,V^*) + H(a)\mathcal{R}'(V^*)v^*, & x = V^* \end{cases} \quad (5.1.5)$$

ここで
$$V^* = v^* \int_0^{a_\dagger} H(a)da$$
であったことを思い起こそう．また対応する平衡解は
$$p^*(a) = v^*\Pi_0(a)$$
であり，以下が成り立っていることがわかる：
$$\begin{aligned} b(t) - v^* &= \int_0^t L_{V^*}(a,S(t))(b(t-a) - v^*)da \\ &\quad + \int_t^\infty L_{V^*}(a,S(t))\left(\frac{p_0(a-t) - p^*(a-t)}{\Pi_0(a-t)}\right)da \end{aligned} \quad (5.1.6)$$

$$\begin{aligned} S(t) - V^* &= \int_0^t H(a)(b(t-a) - v^*)da \\ &\quad + \int_t^\infty H(a)\left(\frac{p_0(a-t) - p^*(a-t)}{\Pi_0(a-t)}\right)da \end{aligned} \quad (5.1.7)$$

演習 5.1 (5.1.6), (5.1.7) が成り立つことを示せ．

そこで連続関数
$$L_{V^*}(x) = \int_0^\infty |L_{V^*}(a,x)|da, \quad x \in [0,\infty) \quad (5.1.8)$$
を定義すれば，以下の予備的な結果が得られる：

命題 5.1.1 $b(t), S(t)$ は (5.1.4) の解であるとし，ある $T \geq 0$ について
$$\lambda = \sup_{t \geq T} L_{V^*}(S(t)) < 1 \quad (5.1.9)$$
であると仮定する．このとき以下が成り立つ：
$$\lim_{t\to\infty} b(t) = v^*, \quad \lim_{t\to\infty} S(t) = V^* \quad (5.1.10)$$

証明
$$I_n = [na_\dagger, (n+1)a_\dagger], \quad M_n = \max_{t \in I_n} |b(t) - v^*|$$
とおく．このとき (5.1.6) により，$t \in I_{n+1}, n > \frac{T}{a_\dagger}$ に対して，
$$|b(t) - v^*| \leq \lambda(M_{n+1} \vee M_n)$$
すなわち $M_{n+1} \leq \lambda(M_{n+1} \vee M_n)$．このことから $\lambda < 1$ であれば $M_{n+1} \leq M_n$ となる．したがって帰納的に $M_n \leq \lambda^{n-N} M_N, \quad n > N > \frac{T}{a_\dagger}$．それゆえ $\lim_{n \to \infty} M_n = 0$ を得る．□

問題 (5.1.2) に関しては以下を得る：

系 5.1.2 $p^*(a) = v^* \Pi_0(a)$ を (5.1.2) の平衡解とする．このとき $S(t)$ が (5.1.9) を満たせば，以下が成り立つ．
$$\lim_{t \to \infty} |p(\cdot, t) - p^*(\cdot)|_{L^\infty} = 0$$

以上の結果は，解が平衡解へ吸引されるような初期条件 p_0 を評価するために用いられる：

命題 5.1.3 $r > 0$ を
$$x \in (V^* - r, V^* + r) \text{ に対して } L_{V^*}(x) < 1 \tag{5.1.11}$$
となるようにとる．このとき $0 \leq \delta < r$ かつ
$$|p_0(a) - p^*(a)| \leq \frac{\delta \Pi_0(a)}{\int_0^\infty H(a)da} \tag{5.1.12}$$
であれば以下を得る：
$$\lim_{t \to \infty} |p(\cdot, t) - p^*(\cdot)|_{L^\infty} = 0 \tag{5.1.13}$$

証明 はじめに $\bar{\delta} \in (\delta, r)$ であれば，
$$|S(t) - V^*| \leq \bar{\delta}, \quad \forall t \geq 0 \tag{5.1.14}$$

であることを示す．実際，仮定 (5.1.12) から
$$|S(0) - V^*| = \left|\int_0^\infty H(a) \left(\frac{p_0(a) - p^*(a)}{\Pi_0(a)}\right) da\right| \le \delta < \bar{\delta}$$
であるから，もし (5.1.14) が成り立たなければ，$t_0 > 0$ が存在して
$$|S(t_0) - V^*| = \bar{\delta}, \quad |S(t) - V^*| < \bar{\delta}, \ t \in [0, t_0)$$
となる．もし $0 < T < t_0$ であれば，(5.1.6) から任意の $t \in [0, T]$ について
$$|b(t) - v^*| \le L_{V^*}(S(t)) \left\{\left(\max_{a \in [0,T]} |b(a) - v^*|\right) \vee \left(\frac{\delta}{\int_0^\infty H(a) da}\right)\right\}$$
となるから，
$$\max_{a \in [0,T]} |b(a) - v^*| \le \rho \left\{\left(\max_{a \in [0,T]} |b(a) - v^*|\right) \vee \left(\frac{\delta}{\int_0^\infty H(a) da}\right)\right\} \tag{5.1.15}$$
である．ここで
$$\rho = \max_{x \in [V^* - \bar{\delta}, V^* + \bar{\delta}]} L_{V^*}(x) < 1 \tag{5.1.16}$$
である．(5.1.15), (5.1.16) は
$$|b(t) - v^*| \le \frac{\delta}{\int_0^\infty H(a) da}, \quad \forall t \in [0, T] \tag{5.1.17}$$
を意味する．T は任意であるから，この評価はすべての $t \in [0, t_0)$ で成り立つ．したがって (5.1.17) を (5.1.7) に代入すれば
$$\bar{\delta} = |S(t_0) - V^*| \le \delta < \bar{\delta}$$
を得るが，これは矛盾である．そこで (5.1.14) が示されたが，
$$\lambda = \sup_{t \ge 0} L_{V^*}(S(t)) \le \rho < 1$$
であるから命題 5.1.1 から結論を得る ((5.1.16) を見よ)．□

　この節の結果は一般的なものであるが，モデルの特殊なケースを検討するために容易に使用されうる．次節ではこれらのケースの 1 つを考察する．

5.2 純粋なロジスティックモデル

ここで再び 4.5 節で扱った純粋なロジスティックモデルを考察しよう．すなわち問題 (4.5.9) の大域的挙動を，仮定 (4.5.10), (4.5.11) のもとで検討する．はじめに初期条件に関する以下の条件に注意せねばならない．

すべての $t \geq 0$ について， $\beta_0(a+t)p_0(a) = 0,$ a.e. $a \in [0, a_\dagger]$ (5.2.1)

実際もしこれが満たされていれば，(5.1.4) において

$$F(t, S(t)) = 0, \quad \forall t \geq 0$$

であり，したがって

$$b(t) = 0, \quad \forall t \geq 0$$

となる．(5.2.1) を満たす初期条件は **自明な初期条件** (trivial initial datum) とよばれる．実際，以下を得る：

命題 5.2.1 (4.5.10), (4.5.11) が満たされ， p_0 が自明な初期条件であれば，対応する解は

$$p(a, t) = 0, \quad \forall t > a_\dagger \tag{5.2.2}$$

である．

さらに以下を得る：

定理 5.2.2 (4.5.10), (4.5.11) が満たされ， $\mathcal{R}_0 < 1$ であれば，自明解は大域的に安定である．すなわち

$$\lim_{t \to \infty} |p(\cdot, t)|_{L^\infty} = 0, \quad \forall p_0 \in L^1(0, a_\dagger) \tag{5.2.3}$$

証明

$$L_0(x) = \mathcal{R}_0 \phi(x) < 1, \quad \forall x \geq 0$$

であるから，条件 (5.1.9) は満たされ，命題は系 5.1.2 から従う．□

$\mathcal{R}_0 > 1$ であれば，非自明な平衡解がただ 1 つ存在するが，この場合を扱うためにさらにいくつかの仮定をおかねばならない：

$$\beta_0(a) > 0, \quad \text{a.e. } a \in [a_1, a_2] \subset [0, a_\dagger] \tag{5.2.4}$$

$$\beta_0(a) = \frac{\gamma(a)}{\int_0^{a_\dagger} \gamma(\sigma)\Pi_0(\sigma)d\sigma}, \quad \text{a.e. } a \in [0, a_\dagger] \tag{5.2.5}$$

$$\text{関数 } x \to x\phi(x) \text{ は非減少} \tag{5.2.6}$$

最後の 2 つの仮定からただちに以下を得る：

補題 5.2.3 (4.5.10), (4.5.11) および (5.2.4)–(5.2.6) が満たされていると仮定する．$\mathcal{R}_0 > 1$ であり，V^* を非自明な平衡解のサイズとする．このとき

$$L_{V^*}(x) < 1, \quad x > 0 \tag{5.2.7}$$

証明 (5.2.5) から必然的に

$$L_{V^*}(a, x) = \mathcal{R}_0 \beta_0(a)\Pi_0(a)\phi(x) + v^*\gamma(a)\Pi_0(a)\frac{\mathcal{R}_0\phi(x) - \mathcal{R}_0\phi(V^*)}{x - V^*}$$

$$= \mathcal{R}_0 \beta_0(a)\Pi_0(a)\left(\phi(x) + V^*\frac{\phi(x) - \phi(V^*)}{x - V^*}\right)$$

$$= \mathcal{R}_0 \beta_0(a)\Pi_0(a)\left(\frac{x\phi(x) - V^*\phi(V^*)}{x - V^*}\right) \geq 0$$

したがって，$\phi(\cdot)$ は減少関数であるから，$x > 0$ について以下を得る：

$$L_{V^*}(x) = \int_0^{a_\dagger} L_{V^*}(a, x) da$$

$$= \mathcal{R}(x) + V^*\frac{\mathcal{R}(x) - 1}{x - V^*} = \frac{x\mathcal{R}(x) - V^*\mathcal{R}(V^*)}{x - V^*} < 1$$

□

さらに以下を得る[2]：

---

[2] 以下の証明は，システム (5.1.4) が一様にパーシステンス (persistence) であることを示している ([178])．パーシステンスは個体群の存続性を示すのに適切な力学系概念である．本書 7.6 節も参照．

補題 5.2.4 (4.5.10), (4.5.11) および (5.2.4)–(5.2.6) が満たされていると仮定する．$\mathcal{R}_0 > 1$ であるとする．p_0 が非自明であれば，

$$\liminf_{t \to \infty} S(t) > 0 \tag{5.2.8}$$

証明 システム (5.1.4) において，

$$\liminf_{t \to \infty} b(t) > 0 \tag{5.2.9}$$

となることを証明する．ここから (4.2.1) によって (5.2.8) が従う．p_0 は非自明で，$F(t, S(t)), b(t)$ は恒等的にはゼロでない．それゆえ $0 \leq \alpha < \beta$ を

$$b(t) > 0, \quad t \in [\alpha, \beta]$$

とすれば，$t \in [\alpha + a_1, \beta + a_2]$ に対して (5.2.4) によって以下を得る：

$$b(t) \geq \mathcal{R}_0 \phi(S(t)) \int_0^t \beta_0(t-a)\Pi_0(t-a)b(a)da$$
$$\geq \mathcal{R}_0 \phi(S(t)) \min_{a \in [\alpha,\beta]} b(a) \int_\alpha^{t \wedge \beta} \beta_0(t-a)\Pi_0(t-a)da$$
$$\geq \mathcal{R}_0 \phi(S(t)) \min_{a \in [\alpha,\beta]} b(a) \int_{0 \vee (t-\beta)}^{t-\alpha} \beta_0(a)\Pi_0(a)da > 0$$

実際，$(a_1, a_2) \cap (0 \vee (t-\beta), t-\alpha) \neq \emptyset$, $\phi(S(t)) > 0$ である．この議論を繰り返せば，任意の自然数 n について

$$b(t) > 0, \quad t \in [\alpha + na_1, \beta + na_2]$$

を得る．最後に十分大きな n について

$$\alpha + (n+1)a_1 < \beta + na_2$$

であるから，ある t_0 について

$$\bigcup_{n=1}^\infty [\alpha + na_1, \beta + na_2] \supset [t_0, \infty)$$

であり，$b(t)$ は究極的には正値であることがわかる．そこで

$$I_n = [na_\dagger, (n+1)a_\dagger], \qquad m_n = \min_{t \in I_n} b(t)$$

かつ $n_0 > \frac{t_0}{a_\dagger} + 1$ とおく．(5.2.9) を示すために以下を証明しよう：

$$m_n \geq \bar{m} = m_{n_0} \wedge v^*, \qquad n > n_0 \tag{5.2.10}$$

このために (5.2.5) によって

$$S(t) = \int_0^{a_\dagger} \gamma(\sigma)\Pi_0(\sigma)d\sigma \int_0^{a_\dagger} \beta_0(a)\Pi_0(a)b(t-a)da, \quad \forall t > a_\dagger$$

であることに注意しよう．このとき

$$b(t) = \mathcal{R}_0 \phi\left(\int_0^{a_\dagger} \gamma(\sigma)\Pi_0(\sigma)d\sigma \int_0^{a_\dagger} \beta_0(a)\Pi_0(a)b(t-a)da\right)$$
$$\times \int_0^{a_\dagger} \beta_0(a)\Pi_0(a)b(t-a)da$$

さらに (5.2.6) によって，$t \in I_{n_0+1}$ について

$$b(t) \geq \mathcal{R}_0 \phi\left(\int_0^{a_\dagger} \gamma(\sigma)\Pi_0(\sigma)d\sigma(m_{n_0} \wedge m_{n_0+1})\right)(m_{n_0} \wedge m_{n_0+1})$$

それゆえ

$$m_{n_0+1} \geq \mathcal{R}_0 \phi\left(\int_0^{a_\dagger} \gamma(\sigma)\Pi_0(\sigma)d\sigma(m_{n_0} \wedge m_{n_0+1})\right)(m_{n_0} \wedge m_{n_0+1})$$

$m_{n_0+1} \geq v^* \geq \bar{m}$ であるかまたは $m_{n_0+1} < v^*$ である．後者の場合，$(m_{n_0} \wedge m_{n_0+1}) < v^*$ であり，かつ

$$\mathcal{R}_0 \phi\left(\int_0^{a_\dagger} \gamma(\sigma)\Pi_0(\sigma)d\sigma(m_{n_0} \wedge m_{n_0+1})\right) > \mathcal{R}_0 \phi(V^*) = 1$$

そこで $m_{n_0+1} > (m_{n_0} \wedge m_{n_0+1})$ であり，これは $m_{n_0+1} > m_{n_0} \geq \bar{m}$ を意味している．それゆえ (5.2.10) が $n = n_0 + 1$ について証明された．この議論を繰り返せばすべての $n > n_0$ について証明できる．□

補題 5.2.3, 5.2.4 の結果として，条件 (5.1.9) は満たされ，以下を得る：

定理 5.2.5 (4.5.10), (4.5.11) および (5.2.4)–(5.2.6) が満たされているとする．$\mathcal{R}_0 > 1$ でありかつ $p^*(\cdot)$ を非自明な平衡解とする．もし p_0 が非自明であれば

$$\lim_{t \to \infty} |p(\cdot, t) - p^*(\cdot)|_{L^\infty} = 0 \tag{5.2.11}$$

(5.2.5), (5.2.6) は十分条件であり，特殊なケースでは弱めることができることに注意しよう．たとえば，

$$\phi(x) = \frac{1}{1+x} \tag{5.2.12}$$

と選べば，条件 (5.2.5) は以下によって置き換えることができる：

$$\mathcal{R}_0 \beta_0(a) \geq v^* \gamma(a), \quad a \in [0, a_\dagger] \tag{5.2.13}$$

実際，補題 5.2.3, 5.2.4 はこの条件のもとで証明され，定理 5.2.5 と同じ結果が得られる．

5.3 分離可能モデル

解の大域的挙動の完全な記述を許す特別なモデルのあるクラスは，β と μ に関する以下のような仮定によって特徴づけられる：

$$\begin{cases} \beta(a, x_1, ..., x_n) = \beta_0(a) \\ \mu(a, x_1, ..., x_n) = \mu_0(a) + M(x_1, ..., x_n) \end{cases} \tag{5.3.1}$$

ここで $\beta_0(\cdot)$ と $\mu_0(\cdot)$ は基礎的仮定 (3.1.3)–(3.1.7) を満たし，かつ

$$-M(x_1, ..., x_n) \leq M^+ < \inf_{a \in [0, a_\dagger]} \mu_0(a)$$

であるとする．そこで以下の問題を得る：

$$
\begin{aligned}
&p_t(a,t) + p_a(a,t) + \mu_0(a)p(a,t) + M(S_1(t),...,S_n(t))p(a,t) = 0 \\
&p(0,t) = \int_0^{a_\dagger} \beta_0(a)p(a,t)da \\
&p(a,0) = p_0(a) \\
&S_i(t) = \int_0^{a_\dagger} \gamma_i(a)p(a,t)da, \quad i=1,...,n
\end{aligned}
$$
(5.3.2)

仮定 (5.3.1) は，年齢構造の分析を全人口サイズの変動から切り離すことを可能にしている．ここで，β_0 と μ_0 が年齢に依存した内的な出生–死亡プロセスを決定していて，$M(S_1(t),...,S_n(t))$ は，重みづけられたサイズ $S_i(t) = \int_0^{a_\dagger} \gamma_i(a)p(a,t)da$ に依存する外的な，全年齢について同一な死亡率をモデル化している．

問題 (5.3.2) を扱うためのキーとなるアイディアは，年齢プロファイル

$$\omega(a,t) = \frac{p(a,t)}{P(t)}$$

が β_0 と μ_0 をパラメータとする線形問題 (1.2.5) の年齢プロファイルが満たす方程式に従うことを認識することである．すなわち $\omega(a,t)$ は以下を満たす ((2.1.6) 参照)：

$$
\begin{aligned}
&\omega_t(a,t) + \omega_a(a,t) + \mu_0(a)\omega(a,t) \\
&\quad + \omega(a,t)\int_0^{a_\dagger}[\beta_0(\sigma) - \mu_0(\sigma)]\omega(\sigma,t)d\sigma = 0 \\
&\omega(0,t) = \int_0^{a_\dagger} \beta_0(a)\omega(a,t)da, \quad \int_0^{a_\dagger} \omega(a,t)da = 1 \\
&\omega(a,0) = \omega_0(a), \quad \omega(a_\dagger,t) = 0
\end{aligned}
$$
(5.3.3)

外的死亡率 $M(S_1(t),...,S_n(t))$ が年齢 a に陽に依存しないことを用いれば，このシステムは 2.1 節におけるように導くことができる．これは年齢プロファイルの発展が M に影響されないことを意味している．

さらに全人口 $P(t) = \int_0^{a_\dagger} p(a,t)da$ に関しては，以下の非自律問題を満たすことが容易に示される：

$$\frac{d}{dt}P(t) = F(t, P(t))$$
$$P(0) = P_0 = \int_0^{a_\dagger} p_0(a)da \qquad (5.3.4)$$

ここで

$$F(t,x) = [\alpha(t) - M(\Gamma_1(t)x, ..., \Gamma_n(t)x)]x \qquad (5.3.5)$$

$$\alpha(t) = \int_0^{a_\dagger} [\beta_0(a) - \mu_0(a)]\omega(a,t)da \qquad (5.3.6)$$

$$\Gamma_i(t) = \int_0^{a_\dagger} \gamma_i(a)\omega(a,t)da \qquad (5.3.7)$$

である．実は，

$$S_i(t) = \int_0^{a_\dagger} \gamma_i(a)p(a,t)da = \Gamma_i(t)P(t)$$

である．$\omega(a,t)$ の挙動は 2.1 節の解析によって完全に知られているから，問題 (5.3.4) が残されているだけであるが，すでに以下を知っている（2.1 節を参照）：

$$\lim_{t\to\infty} \alpha(t) = \alpha^* = \int_0^{a_\dagger} [\beta_0(\sigma) - \mu_0(\sigma)]\omega^*(\sigma)d\sigma \qquad (5.3.8)$$

$$\lim_{t\to\infty} \Gamma_i(t) = \Gamma_i^* = \int_0^{a_\dagger} \gamma_i(\sigma)\omega^*(\sigma)d\sigma \qquad (5.3.9)$$

ここで

$$\omega^*(a) = \frac{e^{-\alpha^* a}\Pi_0(a)}{\int_0^{a_\dagger} e^{-\alpha^* \sigma}\Pi_0(\sigma)d\sigma} = \lim_{t\to\infty} \omega(a,t), \quad \Pi_0(a) = e^{-\int_0^a \mu_0(\sigma)d\sigma} \qquad (5.3.10)$$

であり，α^* は

$$1 = \int_0^{a_\dagger} e^{-\alpha^* \sigma}\beta_0(\sigma)\Pi_0(\sigma)d\sigma \qquad (5.3.11)$$

を満たす．

そこで，(5.3.4) は以下の極限方程式をもつ：

$$\frac{d}{dt}Q(t) = F_\infty(Q(t)) \qquad (5.3.12)$$

$$F_\infty(x) = [\alpha^* - M(\Gamma_1^* x, ..., \Gamma_n^* x)]x = \lim_{t \to \infty} F(t, x) \tag{5.3.13}$$

ここで収束は x の任意の有限区間において一様である．以下に見るように，この方程式によって $P(t)$ の漸近挙動を決定し，最終的には関係式

$$p(a, t) = P(t)\omega(a, t) \tag{5.3.14}$$

によって $p(a, t)$ の挙動を得ることができる．

はじめに (5.3.2) の平衡点は (5.3.12) のそれに密接に関連していることに注意しなければならない．

命題 5.3.1 (5.3.1) が満たされているとする．このとき Q^* が (5.3.12) の非自明な定常解であることと

$$p^*(a) = Q^* \omega^*(a) \tag{5.3.15}$$

が (5.3.2) の非自明な平衡解であることは同値である．さらに

$$\Lambda^* = \sum_{i=1}^{n} \Gamma_i^* \frac{\partial M}{\partial x_i}(\Gamma_1^* Q^*, ..., \Gamma_n^* Q^*) \tag{5.3.16}$$

とすれば，Q^* と $p^*(a)$ は $\Lambda^* > 0$ であれば漸近安定であり，$\Lambda^* < 0$ であれば不安定である．

証明 はじめに (5.3.2) の非自明な平衡解の探索は以下の方程式に帰着される ((3.3.3) 参照)：

$$R(V_1^*, ..., V_n^*) = \int_0^{a_\dagger} \beta_0(a) \Pi_0(a) e^{-aM(V_1^*, ..., V_n^*)} da = 1 \tag{5.3.17}$$

そこで

$$M(V_1^*, ..., V_n^*) = \alpha^* \tag{5.3.18}$$

でなければならず，α^* は (5.3.11) で与えられる．さらに方程式 (3.3.3) は

$$\frac{V_1^*}{\int_0^{a_\dagger} \gamma_1(a) e^{-a\alpha^*} \Pi_0(a) da} = \cdots = \frac{V_n^*}{\int_0^{a_\dagger} \gamma_n(a) e^{-a\alpha^*} \Pi_0(a) da}$$

となり，$i=1,...,n$ について

$$V_i^* = v^* \int_0^{a_\dagger} \gamma_i(a) e^{-a\alpha^*} \Pi_0(a) da = v^* \Gamma_i^* \int_0^{a_\dagger} e^{-a\alpha^*} \Pi_0(a) da$$

となることがわかる．ここで v^* は

$$Q^* = v^* \int_0^{a_\dagger} e^{-a\alpha^*} \Pi_0(a) da$$

が (5.3.12) の平衡解となるようなものである．それゆえ最初の部分は証明された[3]．安定性については (5.3.16) で定義される Λ^* が問題 (5.3.12) の平衡解 Q^* に関するキーパラメータであることに注意しよう．実際

$$-Q^*\Lambda^* = \frac{dF_\infty}{dx}(Q^*) \tag{5.3.19}$$

である[4]．一方，(5.3.15) に関する特性方程式 (4.2.8) は以下の形態をとる[5]：

$$\frac{1-\hat{A}_{00}(\lambda)}{\lambda}(\lambda + Q^*\Lambda^*) = 0 \tag{5.3.20}$$

そこで主張は示された．□

(5.3.4) の大域的挙動については以下を得る．

定理 5.3.2 方程式 (5.3.12) はちょうど $k+1 \geq 1$ 個の孤立した定常点 $0 = Q_0^* < Q_1^* < ... < Q_k^* < \infty$ をもつと仮定する．さらに

$$\text{十分大きな } x \text{ について } F_\infty(x) < 0 \tag{5.3.21}$$

とする．このときある $h = 0, 1, ..., k$ について

$$\lim_{t \to \infty} P(t) = Q_h^* \tag{5.3.22}$$

---

3) 3.3 節の議論から，$p^*(a) = v^* \Pi_0(a) e^{-\alpha^* a}$ であることと (5.3.10) に注意．
4) Q の方程式 (5.3.12) の $Q = Q^*$ における線形化方程式は $z' = -Q^*\Lambda^* z$ となるから，$\Lambda^* > 0$ であれば $Q = Q^*$ は安定，$\Lambda^* < 0$ であれば不安定である．
5) ラプラス変換を実行する前に $\lambda = 0$ は根にならないことがわかる．$\lambda \neq 0$ として積分を実行して，行列式を計算すれば (5.3.20) を得る．

である．したがって

$$\lim_{t\to\infty}\int_0^{a_\dagger}|p(\sigma,t)-p_h^*(\sigma)|d\sigma=0 \tag{5.3.23}$$

となる．ここで

$$p_h^*(a)=Q_h^*\omega^*(a) \tag{5.3.24}$$

である．

証明 $P(t)$ を (5.3.4) の解とする．むろん，$P(t)\geq 0$ であり，(5.3.21) によって $P(t)$ は有界である．いま Ω を $P(t)$ の ω 極限集合であるとする．Ω が唯一の点を含むことを示そう．もしそうでなければ Ω は Q_i^* $(i=0,1,2,...,k)$ を 1 つも含まないようなある区間 $[A,B]$ を含まなければならない．実際，$P(t)$ が有界で，ω 極限集合がただ 1 点からなるのではない場合，$\lim_{t\to\infty}P(t)$ が存在しないから，$\liminf_{t\to\infty}P(t)<A<B<\limsup_{t\to\infty}P(t)$ であって，$[A,B]$ が Q_i^* を含まないような区間 $[A,B]$ がとれて，そのような区間は ω 極限集合に含まれる．したがって $F_\infty(x)$ は $[A,B]$ 上でゼロとならないから

$$F(t,x)\neq 0, \quad t>T_0, \quad x\in[A,B]$$

となるような T_0 を選べる．たとえば

$$F(t,x)>0, \quad t>T_0, \quad x\in[A,B]$$

と仮定しよう（他の場合も同様である）．$T_1>T_0, P(T_1)\in(A,B)$ となったとすると，

$$P(t)>P(T_1)>A, \quad \forall t>T_1 \tag{5.3.25}$$

でなければならない．実際，$P(t)$ が $P(T_1)$ の十分小さな近傍にある限り $t>T_1$ で $P'(t)>0$ であるからである．それゆえ $[A,P(T_1)]$ は Ω に属さないという矛盾を得る．そこで Ω は唯一の点 P_∞ からなり，$P(t)$ は有界であるから，

$$\lim_{t\to\infty}P(t)=P_\infty$$

でなければならず，したがって

$$F_\infty(P_\infty) = 0$$

である．そこである $h = 0, 1, ..., k$ について $P_\infty = Q_h^*$ である．最後に (5.3.23) は (5.3.10), (5.3.14), (5.3.22) から従う． □

上記の定理はとくに，われわれが考察しているモデルにおいて，全人口は周期解の存在を排除するような漸近挙動をすることを示している．

$\alpha(t)$ と $\Gamma_i(t)$ は初期年齢分布 $p_0(a)$ に依存しているから，方程式 (5.3.4) もまた $p_0(a)$ に依存している．一般にもし全人口 P_0 のみを知っている場合には，$P(t)$ によってどの Q_i^* が到達されるかは決定できないことに注意しよう．むろん，もしとくに $p_0(a) = P_0 \omega^*(a)$ であれば，$\alpha(t) = \alpha^*$, $\Gamma_i(t) = \Gamma_i^*$ であり，方程式 (5.3.4) は極限方程式 (5.3.12) に一致する．

5.4　最大年齢が無限大の場合

還元可能なモデルの最後の例として，$a_\dagger = \infty$ の場合を考えよう．2.4 節においてすでに線形理論の文脈においてこのケースを考察した．実際，特別な構成的形態をもつ動態率をもつ場合，原方程式は常微分方程式システムへ還元できることを見た．ここでは同様な仮定を非線形の場合に利用しよう．

最初のモデルとして単一のサイズの場合を考察する．以下を仮定しよう：

$$\beta(a, x) = \bar{\beta}(x) e^{-\alpha a} > 0, \quad \mu(a, x) = \bar{\mu}(x) > 0, \quad \gamma(a) = 1 \tag{5.4.1}$$

ここで $\alpha > 0$ である．すなわち以下のモデルを考える：

$$\begin{aligned}
&p_t(a,t) + p_a(a,t) + \bar{\mu}(P(t))p(a,t) = 0 \\
&p(0,t) = \bar{\beta}(P(t)) \int_0^\infty e^{-\alpha\sigma} p(\sigma, t) d\sigma \\
&p(a, 0) = p_0(a) \\
&P(t) = \int_0^\infty p(\sigma, t) d\sigma
\end{aligned} \tag{5.4.2}$$

これらの構成的な仮定は非常に単純な現象論的状況を記述している．出生率は年齢とともに減少するが，死亡率は年齢に独立である．さらにすべての率は全人口サイズに依存している．

還元を実行するために以下の2つの変数を考察する：

$$P(t) = \int_0^\infty p(\sigma,t)d\sigma, \quad Q(t) = \int_0^\infty e^{-\alpha\sigma} p(\sigma,t)d\sigma \qquad (5.4.3)$$

そこで

$$\frac{d}{dt}P(t) = \int_0^\infty p_t(a,t)da = -\int_0^\infty p_a(a,t)da - \bar{\mu}(P(t))P(t)$$
$$= \bar{\beta}(P(t))Q(t) - \bar{\mu}(P(t))P(t)$$

を得る．また

$$\frac{d}{dt}Q(t) = \int_0^\infty e^{-\alpha a} p_t(a,t)da$$
$$= -\int_0^\infty e^{-\alpha a} p_a(a,t)da - \bar{\mu}(P(t))\int_0^\infty e^{-\alpha a} p(a,t)da$$
$$= \bar{\beta}(P(t))Q(t) - \alpha Q(t) - \bar{\mu}(P(t))Q(t)$$

である．それゆえ以下のシステムを得る：

$$\begin{aligned}\frac{d}{dt}P(t) &= \bar{\beta}(P(t))Q(t) - \bar{\mu}(P(t))P(t), \quad P(0) = P_0 \\ \frac{d}{dt}Q(t) &= [\bar{\beta}(P(t)) - \alpha - \bar{\mu}(P(t))]Q(t), \quad Q(0) = Q_0\end{aligned} \qquad (5.4.4)$$

ここで

$$P_0 = \int_0^\infty p_0(a)da, \quad Q_0 = \int_0^\infty e^{-\alpha a} p_0(a)da$$

である．このシステムはもとのシステムと同値である．というのも $(P(t),Q(t))$ が (5.4.4) の解であれば，

$$b(t) = p(0,t) = \bar{\beta}(P(t))Q(t)$$

とおけば，$p(a,t)$ は通常の以下の形式によって得られるからである．

$$p(a,t) = \begin{cases} p_0(a-t)e^{-\int_0^t \bar{\mu}(P(\sigma))d\sigma}, & a \geq t \\ b(t-a)e^{-\int_{t-a}^t \bar{\mu}(P(\sigma))d\sigma}, & a < t \end{cases}$$

そこでもとのモデルの挙動を決定するために，(5.4.4) の分析に焦点を当てることができる．とりわけ動態率が前節で考察された仮定を満たす場合には，対応する諸結果がより正確に得られる．定常解がその安定性を失う場合に周期解が存在するようになることが容易に示されるのである．以下において，前節の理論との関連を明らかにするために，システム (5.4.4) に関するいくつかの一般的な考察をおこなう．

はじめに純再生産率を考えよう：

$$\mathcal{R}(V) = \frac{\bar{\beta}(V)}{\alpha + \bar{\mu}(V)}$$

非自明な定常サイズ V^* は以下を満たさねばならない：

$$\bar{\beta}(V^*) = \alpha + \bar{\mu}(V^*) \tag{5.4.5}$$

さらに，定常サイズ V^* のそれぞれは，$P = V^*$ とおけば，システムの1つのアイソクラインに対応している．もう1つのアイソクラインは

$$Q = \psi(P) = \frac{\bar{\mu}(P)P}{\bar{\beta}(P)} \tag{5.4.6}$$

で与えられる．そこで任意の V^* について，(5.4.4) の定常解 (P^*, Q^*) は

$$P^* = V^*, \quad Q^* = \psi(V^*)$$

で与えられる．さらに (5.4.4) においてわれわれは $P_0 > Q_0 > 0$ となる初期値 (P_0, Q_0) にのみ関心を有することに注意しよう．この場合，以下を得る：

命題 5.4.1 $(P(t), Q(t))$ は (5.4.4) の $P_0 > Q_0 > 0$ となる初期値 (P_0, Q_0) に対する解であるとする．このとき

$$P(t) > Q(t) > 0, \quad \forall t > 0$$

証明 $Q_0 > 0$ より，(5.4.4) の 2 番目の式からすべての $t > 0$ について $Q(t) > 0$ であることがわかる．$W(t) = P(t) - Q(t)$ とおけば，

$$\frac{d}{dt}W(t) = -\bar{\mu}(P(t))W(t) + \alpha Q(t), \quad W(0) > 0$$

を得る．これはすべての $t > 0$ について $W(t) > 0$ を意味している．□

そこでシステムの相空間においてわれわれは領域 $\Delta = \{(P,Q)|0 < Q < P\}$ にのみ関心を有するが，(5.4.5) より $\bar{\beta}(V^*) > \bar{\mu}(V^*)$ であるから，(5.4.6) より，任意の (P^*, Q^*) は Δ に属する．

いま 3.4 節の純粋なロジスティックモデルを考察するために $\bar{\beta}(\cdot), \bar{\mu}(\cdot)$ に関する仮定を導入する．すなわち，

$$\mathcal{R}'(V) < 0, \quad \lim_{V \to \infty} \mathcal{R}(V) = 0$$

となるようにしたいのである．最初の条件は以下を意味する：

$$\bar{\beta}'(V)(\alpha + \bar{\mu}(V)) - \bar{\beta}(V)\bar{\mu}'(V) < 0, \quad \forall V \geq 0 \qquad (5.4.7)$$

2 番目の条件については以下の仮定によってそれが満たされると仮定する：

$$\bar{\beta}(\cdot) \text{ は究極的に減少で} \lim_{V \to \infty} \bar{\beta}(V) = 0$$

$$\bar{\mu}(\cdot) \text{ は究極的に増加で} \lim_{V \to \infty} \bar{\mu}(V) > 0$$

これらの仮定は $[\bar{\beta}(\cdot) - \bar{\mu}(\cdot)]$ が究極的に負であることを意味していることに注意しよう．$P(t)$ が大であれば $P'(t) < 0$ であるから，軌道は有界にとどまる．さらに (3.4.6) の主張によれば，もし

$$\bar{\beta}(0) > \alpha + \bar{\mu}(0)$$

であればシステムは唯一の非自明解を領域 Δ の内部にもつ．さもなければ自明な平衡解のみがある．これらの平衡解の安定性を検討しよう．はじめに自明解 $(0,0)$ を考える．この点でのシステムのヤコビアンは

$$J(0,0) = \begin{pmatrix} -\bar{\mu}(0) & \bar{\beta}(0) \\ 0 & \bar{\beta}(0) - \alpha - \bar{\mu}(0) \end{pmatrix}$$

それゆえ以下が成り立つ：

自明な平衡解のみがあれば，それは大域的に吸引的なノードである．

非自明な平衡解があれば，自明な平衡解はサドルノードである．
(5.4.8)

非自明な平衡解 (P^*, Q^*) については，その点でのヤコビアンは以下の固有値をもつ：

$$\lambda_\pm = \frac{1}{2}(A \pm \sqrt{A^2 + 4B})$$

ここで

$$\begin{aligned} A &= \bar{\beta}'(V^*)Q^* - \bar{\mu}'(V^*)V^* - \bar{\mu}(V^*) \\ B &= \bar{\beta}(V^*)[\bar{\beta}'(V^*) - \bar{\mu}'(V^*)]Q^* \end{aligned} \qquad (5.4.9)$$

である．(5.4.5) と (5.4.7) によりつねに $B < 0$ であるから (P^*, Q^*) の安定性は A の符号によってきまる．正確に言えば以下を得る[6]：

$A < 0$ であれば平衡解 (P^*, Q^*) は安定である．

$A > 0$ であれば平衡解は不安定であり，少なくとも 1 つの周期解が存在する．
(5.4.10)

以下の条件

$$\bar{\beta}'(V^*) < 0, \quad \bar{\mu}'(V^*) > 0$$

は $A < 0$ を含意するが，条件

$$\bar{\beta}'(V^*)V^* > \bar{\beta}(V^*), \quad \bar{\mu}'(V^*) < 0$$

は $A > 0$ を意味することに注意しよう．後者の例は単純な例において容易に実現される．

---

[6] 周期解の存在はポアンカレ–ベンディクソンの定理による．ホップ分岐による証明も可能である ([180])．

この節を終える前に，構成的な形態 (5.4.2) のために用いた手続きと同じやり方で扱える，より一般的なモデルに言及しておく．すなわち以下の形態は，問題を $n+2$ 個の変数のシステムに還元して扱うことができる．

$$\beta(a,x) = e^{-\alpha a}\sum_{i=1}^{n} a^i \bar{\beta}_i(x), \quad \mu(a,x) = \bar{\mu}(x), \quad \gamma(a) = 1 \qquad (5.4.11)$$

5.5　著者ノート

　この章の最初のパートは偏微分方程式システム (3.1.2) と積分方程式 (3.2.3) の間の緊密な関係に基づいている．これは漸近挙動，とりわけ大域的結果の研究への初期のアプローチであった．最初の諸結果は Rorres [167], [168] に見いだされるが，ここからわれわれは 5.1 節と 5.2 節の内容を得た．同様な方法は [50] と [136] においても用いられている．後者の論文は (5.2.12), (5.2.13) の特別な場合を扱っている．われわれが提示した諸結果は，積分方程式への還元という方法のあらゆる可能性を尽くしているわけではない．このアプローチは，このタイプの方程式に関連する任意のテクニックを利用できるという有利さはあるものの，利用可能な結果はそう多くはない．5.3 節における分離可能モデルのクラスは [25] で研究されている．すでに注意したように，これは非常に特殊なモデルのクラスであり，単一種の人口においては周期解の存在を許さない．最後に 5.4 節のモデルはいくぶん古典的であるが，構成的形態 (5.4.11) は多くの論文 ([79], [80]) において組織的に用いられてきている．（ミンモ・イアネリ）

♣

　非線形の構造化個体群ダイナミクスモデルの大域的挙動がわかる場合として，本章であげられた以外の重要な類型としては，**1 次同次システム** (homogeneous dynamical system) がある．すなわち，非線形項が 1 次同次であって，指数関

数的成長解 (exponential solution) の存在が期待できるケースである[7]．ただし，その研究のためには関数解析的な設定が必要になる．1 次同次システムの一般理論としては，[85], [86], [101], [117], [204], [205] がある．とくにペア形成モデルや結婚モデル，性感染症モデルにおいては，異性との出会いのチャンス (mating chance) が飽和した大規模人口を記述するモデルとして 1 次同次システムがよく使われるが，マルサス的成長解の存在以外の性質はよくわかっていない ([87], [111], [113])．一方，近年では，とくに感染症モデルに関して，年齢構造化モデルにおいてもリアプノフ関数が発見されるようになってきている．そのような場合は，**ラ・サールの不変性原理** (LaSalle invariance principle) によって平衡点の大域安定性が証明される ([148], [150])．　　（稲葉 寿）

---

[7] 非線形関数 f は，任意の $\alpha \in \mathbb{R}$ に対して，$f(\alpha x) = \alpha f(x)$ となるとき，1 次同次とよばれる．

第6章
年齢構造をもつ人口における感染症流行

 この章と次の章では，年齢構造を考慮した人口における感染症流行のモデルについて考察する．年齢構造を考慮しない場合，疫学の理論（たとえば [5], [12], [91], [92], [157] を参照）に現れる基本的な感染症モデルでは，その感染症に起因する特性を除いて，人口は均質的なものであると考えられている．このとき，病気の進行を記述するために，ホスト人口は主に以下のような3つの小集団に区分される：

感受性人口：病気に罹患しておらず，罹患する可能性のある個体からなる人口

感染性人口：病気に罹患しており，他者にその病気に感染させる可能性のある個体からなる人口

除去された人口：かつて病気に罹患していたが，現在では免疫を得ているか，または死亡や隔離状態にある個体からなる人口

 このような各集団に，時刻 t において属している個体の数をそれぞれ $S(t)$, $I(t)$, $R(t)$ と表すことにする．時刻 t における総人口を $P(t)$ と表すなら，どのようなモデルであっても次の等式が成立することは当然であろう：

$$S(t) + I(t) + R(t) = P(t)$$

 ある程度一般的な感染症の流行動態モデルにおいて，人口学的パラメータの影響を考慮から外すことで，人口が一定数であるような状況を仮定するこ

とがある．そのようなモデルは以下の系のように表現される[1]：

$$\frac{dS(t)}{dt} = -\lambda(t)S(t) + \delta I(t)$$
$$\frac{dI(t)}{dt} = \lambda(t)S(t) - (\gamma + \delta)I(t) \qquad (6.0.1)$$
$$\frac{dR(t)}{dt} = \gamma I(t)$$
$$S(0) = S_0, \quad I(0) = I_0, \quad R(0) = R_0$$

ここで $S_0 + I_0 + R_0 = P$ であり，各パラメータには次のような意味がある[2]：

感染力 $\lambda(t)$：感受性の個体が病気に罹患し，感染性人口へと移動する率

回復率 δ：感染性の個体がその集団から離れ，感受性人口へと戻る率

除去率 γ：感染性の個体がその集団から離れ，除外された人口へと移動する率

感染力 (force of infection) $\lambda(t)$ に関しては，それが特定の感染症の感染メカニズムを数学的な形式で表現するような構成的な法則を仮定する必要がある．そのような $\lambda(t)$ の構成的形式のうち，もっとも簡単なものは次のように記述される[3]：

$$\lambda(t) = c\phi\frac{I(t)}{P} = kI(t) \qquad (6.0.2)$$

ここで，定数 c と ϕ には次のような意味がある：

$c =$ **接触率**：1 個体の，単位時間当たりの，集団内の他の個体への接触数

$\phi =$ **感染性**：感染性の個体との1回の接触によって，感染が起こる確率

(6.0.2) における項 $\frac{I(t)}{P}$ は，接触した個体が感染性の個体である確率を表すことに注意されたい．(6.0.2) のような形式は，人口が一様に混合されており，すべての個体が活動的（ある種の感染症に対しては，除去された人口の

---

[1] 通常は $\delta = 0$ の場合をケルマック–マッケンドリックの S-I-R モデルと呼んでいる．ここでは S-I-S モデルと統一的に扱うために，免疫を獲得しないで回復する率 δ を導入している．

[2] 総人口は一定なので，P はその一定の総人口サイズを示している．またここでの「率」は単位時間当たり・個体当たりの事象の発生率である．

[3] 以下ではホストの人口サイズ P が一定と考えているが，感染症による超過死亡率が無視できない場合や，ホストの人口変動があればそのような仮定はできない．その場合は問題はずっと難しい．ホスト人口が成長する場合については [117] を参照されたい．

一部あるいは全部がそのような接触行動に含まれない，ということもある）であり，そのような活動的な個体の数に接触率は依存していない，という仮定に基づいて得られるものである．

感染症の特性に関して言えば，複数回感染の生じるもの（一般的な風邪や，インフルエンザや淋病など，致死的ではなく，免疫をもたらすこともない病気）と，ただ一度だけ感染して隔離へ至るもの（麻疹や風疹，おたふく風邪などの生涯免疫をもたらす小児に特徴的な感染症ばかりでなく，隔離クラスをエイズ発症と想定すればHIV感染症などの致死的な病気も含まれる）を区別できる．初めのケースでは $\gamma = 0$ が仮定され，そのときのモデルは図6.1に記述される個体の遷移方式に従い，S-I-S モデルとよばれる．もう一方のケースでは $\delta = 0$ が仮定され，S-I-R モデルが得られる（図6.2）．

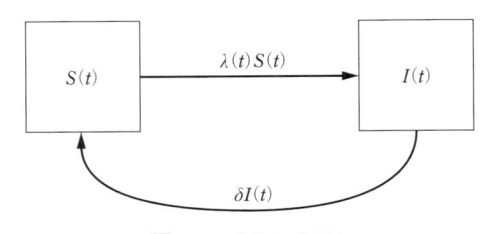

図 6.1 S-I-S モデル

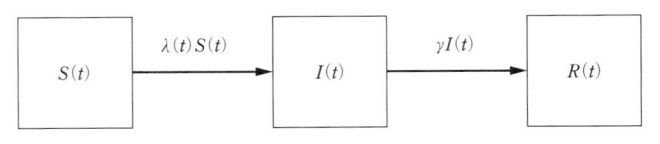

図 6.2 S-I-R モデル

これら2つのケースはどこか二者択一的なところがあり，図6.3と図6.4に示されるようにそれぞれ異なる結論が得られることもある．しかし，いずれのケースにおいても，ある種の**閾値現象** (threshold phenomenon) を見ることができる．実際，パラメータ $\rho_0 = \dfrac{c\phi}{\gamma + \delta}$ が，それぞれ**エンデミック** (endemic) な定常状態と流行の**突発** (outbreak) を左右する閾値となっている[4]．

---

4) 感染性の個体群が常在するような状態をエンデミックという．突発は感染者のいない定常状態にあるホスト個体群に感染者が発生して感染人口の持続的拡大がはじまることをいう．このモデル (6.0.1) では ρ_0 が基本再生産数になっている．

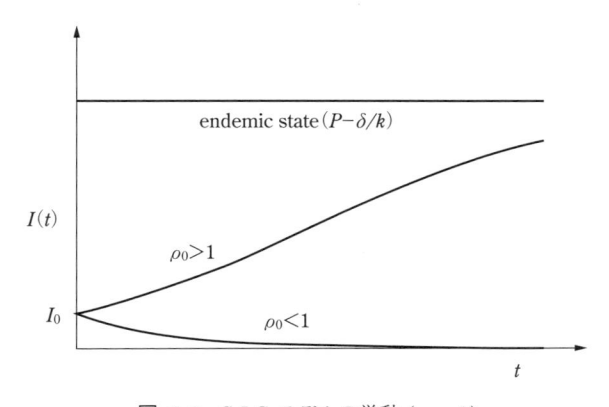

図 6.3 S-I-S モデルの挙動 ($\gamma = 0$)

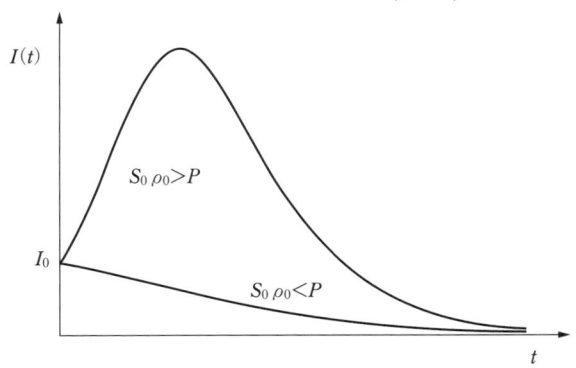

図 6.4 S-I-R モデルの挙動 ($\delta = 0$)

演習 6.1 数理モデル (6.0.1) を，(1) $\gamma = 0$（S-I-S のケース），(2) $\delta = 0$（S-I-R のケース），にわけて，その解の挙動を調べ，それぞれが図 6.3 あるいは図 6.4 のようになることを確認せよ．

この章では，人口の年齢構造に着目しながら，感染症の流行をモデル化したい．感染症モデルにおいて個体の年齢を考慮にいれることの重要性は，多くの感染症の感染率が年齢に著しく影響を受けるという事実に基づいている．実際，発疹を伴う病気の感染伝達は主に若年層の間で起こるものであるし，性感染症の伝達は成年層に起こるものである．したがって，集団の人口学的動態と，感染の伝達メカニズムを同時に考慮することで，それらの相互作用と

して思いがけない挙動が導かれることが期待される．

以下の諸節では，はじめに一般的なモデル (6.0.1) を（年齢構造を取り入れて）拡張し，前章までに紹介した理論を用いて数学的に取り扱えるようないくつかの特別な事例に焦点を当てる．実際，今回の設定の下で得られるモデルは，異なる特性を示すけれども，前章までと同様の手法で解析できるものである．

6.1 感染症流行の一般的モデル

感染症のホストとなる人口は，これから考察する感染症流行のない状況においては，第 1 章で述べられた線形モデルによって記述されるものとする．すなわち，第 1 章で述べたような仮定を満たす動態率 $\beta(a)$ と $\mu(a)$ をもち，不変な居住環境のもとにある（外部との出入りのない）封鎖人口を考えることとする．

感染症の存在により，人口は感受性人口，感染性人口および除去された人口の 3 つの集団に区分され，それらの時刻 t における年齢密度はそれぞれ $s(a,t), i(a,t), r(a,t)$ と記述される．したがって，全人口の年齢密度 $p(a,t)$ は

$$p(a,t) = s(a,t) + i(a,t) + r(a,t) \tag{6.1.1}$$

を満たしている必要がある．$\gamma(a), \delta(a), \lambda(a,t)$ をそれぞれ，年齢別の除去率，回復率および感染力とすれば，感染症の流行ダイナミクスは以下の方程式によって表される：

$$\begin{aligned}
&s_t(a,t) + s_a(a,t) = -\mu(a)s(a,t) - \lambda(a,t)s(a,t) + \delta(a)i(a,t) \\
&i_t(a,t) + i_a(a,t) = -\mu(a)i(a,t) + \lambda(a,t)s(a,t) - (\gamma(a) + \delta(a))i(a,t) \\
&r_t(a,t) + r_a(a,t) = -\mu(a)r(a,t) + \gamma(a)i(a,t) \\
&s(0,t) = b_1(t), \quad i(0,t) = b_2(t), \quad r(0,t) = b_3(t)
\end{aligned} \tag{6.1.2}$$

実際，各集団は共通の動態率 $\beta(a)$ および $\mu(a)$ によって人口学的発展を等しくおこなう一方，各集団から別の集団への移動は係数 $\gamma(a)$, $\delta(a)$, $\lambda(a,t)$ によって決定されている．

システム (6.1.2) とともに，初期条件

$$s(a,0) = s_0(a),\ i(a,0) = i_0(a),\ r(a,0) = r_0(a) \tag{6.1.3}$$

と，各集団の出生率 $b_1(t)$, $b_2(t)$, $b_3(t)$ の満たす方程式についても考えなければならない．後者については，

$$\begin{aligned}
b_1(t) &= \int_0^{a_\dagger} \beta(a)\left[s(a,t) + (1-q)i(a,t) + (1-w)r(a,t)\right]da \\
b_2(t) &= q\int_0^{a_\dagger} \beta(a)i(a,t)da \\
b_3(t) &= w\int_0^{a_\dagger} \beta(a)r(a,t)da
\end{aligned} \tag{6.1.4}$$

を仮定する．ここで $q \in [0,1]$ と $w \in [0,1]$ はそれぞれ，感染性と免疫の**垂直伝達** (vertical transmission) に関するパラメータとする．これらのパラメータは，各集団の親から生まれた新生児が親と同じ集団に属する割合を意味する．したがって，$q = w = 0$ であるならば，すべての新生児は感受性ということになる．

このモデルにおいて，ホスト人口の出生率 $\beta(a)$ と死亡率 $\mu(a)$ は，感染症に（明らかな形では）影響されないものであると仮定されており，したがって，全人口 (6.1.1) は第 1 章のモデルと同様の人口学的過程に従う．実際，(6.1.2) の各微分方程式を足すことで，$p(a,t)$ については次のような問題が得られる．

$$\begin{aligned}
&p_t(a,t) + p_a(a,t) + \mu(a)p(a,t) = 0 \\
&p(0,t) = \int_0^{a_\dagger} \beta(a)p(a,t)da \\
&p(a,0) = p_0(a) = s_0(a) + i_0(a) + r_0(a)
\end{aligned} \tag{6.1.5}$$

すなわち，(1.2.5) が得られる．そこで，次のような人口学的仮定をおくこととする．

$$\mathcal{R} = \int_0^{a_\dagger} \beta(a)\Pi(a)da = 1 \tag{6.1.6}$$

すなわち，人口の内的成長率はゼロ ($\alpha^* = 0$) であり，したがってただ 1 つの定常解

$$p_\infty(a) = P_0\omega^*(a) = b_0\Pi(a) \tag{6.1.7}$$

が存在するものとする．さらに，次のような仮定をおく：

$$p(a,t) = p_0(a) = p_\infty(a) \tag{6.1.8}$$

すなわち，人口はすでに定常分布 $p_\infty(a)$ に到達しているものとする．

最後に，感染力 $\lambda(a,t)$ の構成を考える必要があるが，通常，それは線形形式

$$\lambda(a,t) = K_0(a)i(a,t) + \int_0^{a_\dagger} K(a,\sigma)i(\sigma,t)d\sigma \tag{6.1.9}$$

によって与えられる．ここで，右辺の 2 つの項はそれぞれ**世代内** (intra-cohort) および**世代間** (inter-cohort) の感染項とよばれる．次のような特別な場合

$$\lambda(a,t) = K_0(a)i(a,t) \tag{6.1.10}$$

$$\lambda(a,t) = K(a)\int_0^{a_\dagger} i(a,t)da \tag{6.1.11}$$

は，2 つの極端な接触感染メカニズムに対応する．実際，(6.1.10) は，各個体が同年齢の個体によってのみ感染させられる状況を意味するのに対し，(6.1.11) の場合では，各個体は任意の年齢の個体によって感染させられ得る．これらの構成的な形状を考えるときは，以下を仮定することとする．

$$K_0(a) \geq 0, \quad \text{a.e. } a \in [0, a_\dagger], \quad K_0(\cdot) \in L^\infty(0, a_\dagger) \tag{6.1.12}$$

$$K(a) \geq 0, \quad \text{a.e. } a \in [0, a_\dagger], \quad K(\cdot) \in L^\infty(0, a_\dagger) \tag{6.1.13}$$

免疫を誘導しない感染症に対する S-I-S モデルを考えるときは，問題を実質的により簡単にする意義のある還元法が存在する．実際，$\gamma(a) \equiv 0$ と $r_0(a) \equiv 0$ を仮定することで問題 (6.1.2)–(6.1.4) は

$$\begin{aligned}
&s_t(a,t) + s_a(a,t) + \mu(a)s(a,t) = -\lambda(a,t)s(a,t) + \delta(a)i(a,t) \\
&i_t(a,t) + i_a(a,t) + \mu(a)i(a,t) = \lambda(a,t)s(a,t) - \delta(a)i(a,t) \\
&s(0,t) = \int_0^{a_\dagger} \beta(a)[s(a,t) + (1-q)i(a,t)]da, \quad s(a,0) = s_0(a) \\
&i(0,t) = q\int_0^{a_\dagger} \beta(a)i(a,t)da, \quad i(a,0) = i_0(a)
\end{aligned} \tag{6.1.14}$$

のように定式化される．(6.1.8) より

$$s(a,t) + i(a,t) = p_\infty(a) \tag{6.1.15}$$

であることから，(6.1.14) の第 2 式に $s(a,t) = p_\infty(a) - i(a,t)$ を代入することで，ただ 1 つの変数 $i(a,t)$ についての問題

$$\begin{aligned}
&i_t(a,t) + i_a(a,t) + \mu(a)i(a,t) = \lambda(a,t)[p_\infty(a) - i(a,t)] - \delta(a)i(a,t) \\
&i(0,t) = q\int_0^{a_\dagger} \beta(a)i(a,t)da \\
&i(a,0) = i_0(a)
\end{aligned} \tag{6.1.16}$$

を得るから，このシステムにのみ着目すればよいことになる．

もう 1 つの還元法は，$\delta(a) \equiv 0$ と $w = 1$ を仮定するような S-I-R モデルの場合に現れる．この仮定の下では，次の系が得られる．

$$\begin{aligned}
&s_t(a,t) + s_a(a,t) + \mu(a)s(a,t) = -\lambda(a,t)s(a,t) \\
&i_t(a,t) + i_a(a,t) + \mu(a)i(a,t) = \lambda(a,t)s(a,t) - \gamma(a)i(a,t) \\
&s(0,t) = \int_0^{a_\dagger} \beta(a)\left[s(a,t) + (1-q)i(a,t)\right]da \\
&i(0,t) = q\int_0^{a_\dagger} \beta(a)i(a,t)da \\
&s(a,0) = s_0(a), \quad i(a,0) = i_0(a)
\end{aligned} \tag{6.1.17}$$

実際，感受性および感染性の集団の発展を決定するには (6.1.2) のはじめの 2 つの方程式のみで十分であり，第 3 の方程式については無視しても差し支

ない．しかし，除外された人口に属する個体が存在することにより，(6.1.15) は真とならず，これ以上のシステムの還元はできない．

(6.1.17) のケースは親の獲得した免疫性が 100 パーセント子どもに伝達されて，減衰もしないという仮定に他ならないが，より一般的な想定は，$\delta = w = q = 0$ である場合，すなわち垂直感染はなく，新生児はすべて感受性で，回復後は感受性とならないで，生涯免疫を誘導する場合である．麻疹やおたふく風邪，水疱瘡などの小児に典型的な感染症はそのような例である[5]．そのときはホストの定常性の仮定 (6.1.8) のもとでは $s(0,t) = p(0,t) = b_0$ となるから，再び s と i だけのシステムを得る：

$$\begin{aligned}
&s_t(a,t) + s_a(a,t) + \mu(a)s(a,t) = -\lambda(a,t)s(a,t) \\
&i_t(a,t) + i_a(a,t) + \mu(a)i(a,t) = \lambda(a,t)s(a,t) - \gamma(a)i(a,t) \\
&s(0,t) = b_0, \quad i(0,t) = 0 \\
&s(a,0) = s_0(a), \quad i(a,0) = i_0(a)
\end{aligned} \quad (6.1.18)$$

あるいは s を消去して i と r のシステムとして扱えば，ゼロ境界値問題となって便利である ([29]–[31], [109], [113])．ただし，現実には乳幼児における母由来の免疫 (maternal antibody) はつねにあり，さらに潜伏期間も考慮すればモデルはより複雑な M-S-E-I-R モデルになる ([117])．

次節以降では，感染力 (6.1.10) および (6.1.11) の各々をもつようなモデル (6.1.16) に関するいくつかの結果を証明する．仮定 (6.1.12) および (6.1.13) とともに，次の仮定もおくこととする．

$$\delta(a) \geq 0, \quad \text{a.e. } a \in [0, a_\dagger], \quad \delta(\cdot) \in L^\infty(0, a_\dagger) \quad (6.1.19)$$

6.2　S-I-S モデルのエンデミック定常状態

ここでは S-I-S モデルのケース (6.1.14) を扱い，そのエンデミック定常状態，すなわち，非自明な定常状態の存在について議論しよう．

---

[5] ただし，近年では，これまで生涯免疫を誘導すると見なされていた小児感染症でも，免疫の減衰が起きる場合があることがわかっている．

はじめに，感染力として純粋な世代内の感染形式 (6.1.10) を仮定し，(6.1.14) を考える．この仮定の下で，(6.1.14) は

$$\begin{aligned} &i_t(a,t) + i_a(a,t) + \mu(a)i(a,t) \\ &\quad = K_0(a)[p_\infty(a) - i(a,t)]i(a,t) - \delta(a)i(a,t) \\ &i(0,t) = q\int_0^{a_\dagger} \beta(a)i(a,t)da \\ &i(a,0) = i_0(a) \end{aligned} \qquad (6.2.1)$$

となり，定常解 $i^*(a)$ は

$$\begin{aligned} &\frac{d}{da}i^*(a) + \mu(a)i^*(a) = K_0(a)[p_\infty(a) - i^*(a)]i^*(a) - \delta(a)i^*(a) \\ &i^*(0) = q\int_0^{a_\dagger} \beta(a)i^*(a)da \end{aligned}$$
$$(6.2.2)$$

を満たす必要がある．はじめに，(6.2.2) は自明解 $i^*(a) \equiv 0$ を許し，また $q = 0$（すなわち，感染症は垂直伝達されない）であるなら，その自明解がただ1つの解であることに注意しよう．続いて，$q > 0$ を仮定し，$i^*(0) = v^* > 0$ としたとき，(6.2.2) の第 1 式から

$$i^*(a) = \frac{v^* E(a)}{1 + v^* \int_0^a K_0(\sigma)E(\sigma)d\sigma} \qquad (6.2.3)$$

が得られることがわかる．ただし，

$$E(a) = e^{-\int_0^a [\mu(\sigma) + \delta(\sigma) - K_0(\sigma)p_\infty(\sigma)]d\sigma} \qquad (6.2.4)$$

と定めている．(6.2.3) を (6.2.2) の第 2 式へと代入することにより，v^* に関する以下の方程式が得られる：

$$1 = q\int_0^{a_\dagger} \frac{\beta(a)E(a)}{1 + v^* \int_0^a K_0(\sigma)E(\sigma)d\sigma}da \qquad (6.2.5)$$

もちろん，この方程式を解くことは，等式 (6.2.3) を経由して，(6.2.2) を解くことに等しい．

ここで (6.2.5) の右辺は，次の条件が満たされていない限り，v^* に関する単調減少関数であることに注意されたい：

$$\beta(a)\int_0^a K_0(\sigma)d\sigma = 0, \quad \text{a.e. } a \in [0, a_\dagger] \tag{6.2.6}$$

すると，定常状態の存在についての閾値条件を与える，次の定理が得られる．

定理 6.2.1 $q > 0$ とし，(6.2.6) が成立していないものと仮定する．このとき，(6.2.2) がただ1つの非自明解をもつための必要十分条件は

$$q\int_0^{a_\dagger} \beta(a)E(a)da > 1 \tag{6.2.7}$$

が成立することである．また，そのような解は，存在するのであれば一意である．一方，(6.2.6) が満たされるのであれば，(6.2.2) は非自明解をもたないか，あるいは

$$q\int_0^{a_\dagger} \beta(a)e^{-\int_0^a [\mu(\sigma)+\delta(\sigma)]d\sigma}da = 1 \tag{6.2.8}$$

が成立する．後者の場合，解は無数に存在する．

証明 (6.2.6) が成立しないものと仮定する．このとき，関数

$$\Phi(x) = q\int_0^{a_\dagger} \frac{\beta(a)E(a)}{1 + x\int_0^a K_0(\sigma)E(\sigma)d\sigma}da, \quad x \in [0, \infty)$$

は狭義単調減少であり，

$$\lim_{x \to \infty} \Phi(x) = q\int_0^{a_0} \beta(a)E(a)da = q\int_0^{a_0} \beta(a)e^{-\int_0^a [\mu(\sigma)+\delta(\sigma)]d\sigma}da$$
$$\leq \int_0^{a_0} \beta(a)e^{-\int_0^a \mu(\sigma)d\sigma}da < \int_0^{a_\dagger} \beta(a)e^{-\int_0^a \mu(\sigma)d\sigma}da = 1$$

が成立する．ただし

$$a_0 = \sup\{a \,|\, [0,a] \text{ のほとんど至るところで } K_0 = 0\}$$

とした．すると，(6.2.5) を満たす $v^* > 0$ が存在するための必要十分条件は $\Phi(0) > 1$ であり，その解は一意であることがわかる．この閾値条件 $\Phi(0) > 1$

はまさしく (6.2.7) であるため，定理の前半部分は証明された．(6.2.6) が成立するなら，$\Phi(x)$ は定数，すなわち

$$\Phi(x) = q \int_0^{a_0} \beta(a) E(a) da, \quad x \in [0, \infty)$$

であり，方程式 (6.2.5) が無限に多くの解をもつことと，(6.2.8) が成立することが同値であることがわかる．□

ここで，条件 (6.2.6) は，「ほとんど至るところの $a > a_0$ に対して $\beta(a) = 0$」を意味する．すなわち，出生率が正であるような区間は，感染率が正である区間よりも前に位置するということを意味することに注意しよう．さらに，(6.2.8) が満たされるための必要十分条件は

$$q = 1, \quad \delta(a) = 0, \quad \text{a.e. } a \in S = \{a \mid \beta(a) > 0\}$$

である．これは非常に特殊な状況であり，無視しても差し支えない．

続いて，垂直感染を伴わない純粋な世代間の感染の場合を考える．すなわち，(6.1.11) と $q = 0$ を仮定する．このとき，(6.1.14) より，問題

$$\begin{aligned} & i_t(a,t) + i_a(a,t) + \mu(a) i(a,t) = K(a)[p_\infty(a) - i(a,t)] I(t) - \delta(a) i(a,t) \\ & I(t) = \int_0^{a_\dagger} i(a,t) da \\ & i(0,t) = 0, \quad i(a,0) = i_0(a) \end{aligned} \tag{6.2.9}$$

が得られ，定常状態については次が得られる．

$$\begin{aligned} & \frac{d}{da} i^*(a) + \mu(a) i^*(a) = K(a)[p_\infty(a) - i^*(a)] I^* - \delta(a) i^*(a) \\ & I^* = \int_0^{a_\dagger} i^*(a) da \\ & i^*(0) = 0 \end{aligned} \tag{6.2.10}$$

(6.2.10) の第 1 式と，条件 $i^*(0) = 0$ により，

$$i^*(a) = I^* \int_0^a H(a,\sigma) e^{-I^* \int_\sigma^a K(s)ds} d\sigma \tag{6.2.11}$$

が得られる．ただし

$$H(a,\sigma) = K(\sigma) p_\infty(\sigma) e^{-\int_\sigma^a [\mu(s)+\delta(s)]ds} \tag{6.2.12}$$

である．すると，(6.2.11) を (6.2.10) の第 2 式へ代入することにより，I^* についての次の方程式が得られる：

$$1 = \int_0^{a_\dagger} \int_0^a H(a,\sigma) e^{-I^* \int_\sigma^a K(s)ds} d\sigma da \tag{6.2.13}$$

したがって，次の結果が得られる．

定理 6.2.2 問題 (6.2.10) が非自明解をもつための必要十分条件は

$$\int_0^{a_\dagger} \int_0^a H(a,\sigma) d\sigma da > 1 \tag{6.2.14}$$

である．また，そのような解は存在するなら一意である．

証明 証明の方針は，定理 6.2.1 のそれと同様である．ただし，関数

$$\Phi(x) = \int_0^{a_\dagger} \int_0^a H(a,\sigma) e^{-x \int_\sigma^a K(s)ds} d\sigma da$$

は狭義単調減少であることに注意しよう．これは，

$$K(\sigma) \int_\sigma^a K(s)ds$$

が集合 $\{(a,\sigma) | 0 \leq \sigma \leq a \leq a_\dagger\}$ 上でゼロとならないことに起因する．□

注意 6.1 条件 (6.2.14) は感染症の**基本再生産数**による閾値条件である[6]．普遍的な計算法によって，その点を明らかにしておこう．基本再生産数の概念こそ，過去 20 年間における感染症数理モデルの進歩におけるセントラルドグマであり，それは同時に個体群動態モデル一般において中心的な意義をもっている．

---

6) 基本再生産数理論の最近の発展については，[209], [210] を参照されたい．

世代間感染 S-I-S モデル (6.2.9) を自明な定常解 $i=0$ において線形化した方程式は以下のようになる：

$$\begin{aligned}
&i_t(a,t) + i_a(a,t) + (\mu(a)+\delta(a))i(a,t) = K(a)p_\infty(a)I(t) \\
&I(t) = \int_0^{a_\dagger} i(a,t)da \\
&i(0,t) = 0, \quad i(a,0) = i_0(a)
\end{aligned} \qquad (6.2.15)$$

このマッケンドリック方程式は (2.2.1) で考察した，人口移動のあるロトカ–マッケンドリックシステムにおける方程式と同じであるから，(2.2.2) のように積分される．ただし $b(a,t) := K(a)p_\infty(a)I(t)$ として，b を移民項と考える．したがって，

$$i(a,t) = \begin{cases} i_0(a-t)\frac{\Theta(a)}{\Theta(a-t)} + \int_0^t \frac{\Theta(a)}{\Theta(a-\sigma)}b(a-\sigma,t-\sigma)d\sigma, & a \geq t \\ \int_0^a \frac{\Theta(a)}{\Theta(a-\sigma)}b(a-\sigma,t-\sigma)d\sigma, & a < t \end{cases} \qquad (6.2.16)$$

ここで，$b(a,t)$ は感染したばかりの感染者（感染年齢ゼロ）の年齢分布関数にほかならない．また

$$\Theta(a) := \exp\left(-\int_0^a [\mu(\sigma)+\gamma(\sigma)]d\sigma\right)$$

は感染者としての生残率である．この表現 (6.2.16) を，定義式

$$b(a,t) = K(a)p_\infty(a)\int_0^{a_\dagger} i(x,t)dx$$

に代入すれば，$t < a_\dagger$ では

$$\begin{aligned}
b(a,t) &= g(a,t) + \int_0^t \int_\sigma^{a_\dagger} K(a)p_\infty(a)\frac{\Theta(x)}{\Theta(x-\sigma)}b(x-\sigma,t-\sigma)dxd\sigma \\
g(a,t) &:= K(a)p_\infty(a)\int_t^{a_\dagger} \frac{\Theta(x)}{\Theta(x-t)}i_0(x-t)dx
\end{aligned} \qquad (6.2.17)$$

であり，$t > a_\dagger$ では

$$b(a,t) = \int_0^{a_\dagger} \int_\sigma^{a_\dagger} K(a) p_\infty(a) \frac{\Theta(x)}{\Theta(x-\sigma)} b(x-\sigma, t-\sigma) dx d\sigma \quad (6.2.18)$$

となる．そこで，$b(t) = b(\cdot, t)$ を $L^1(0, a_\dagger)$ に値をとるベクトル値関数であるとすれば，

$$b(t) = g(t) + \int_0^t \Psi(\sigma) b(t-\sigma) d\sigma \quad (6.2.19)$$

という抽象的な再生積分方程式を得る．ただし，$t < a_\dagger$ では $g(t) = g(\cdot, t)$，$t > a_\dagger$ では $g(t) = 0$ である．$\Psi(\sigma)$, $\sigma \geq 0$ は $L^1(0, a_\dagger)$ からその中への正線形作用素で，$\sigma < a_\dagger$, $\phi \in L^1$ に対して，

$$(\Psi(\sigma)\phi)(a) = K(a) p_\infty(a) \int_\sigma^{a_\dagger} \frac{\Theta(x)}{\Theta(x-\sigma)} \phi(x-\sigma) dx \quad (6.2.20)$$

として定義されている．$\sigma > a_\dagger$ では $\Psi(\sigma) = 0$ と定義する．このようなベクトル値のヴォルテラ積分方程式の性質は，正作用素の理論とラプラス変換によってくわしく調べられていて，スカラーの場合と同様な再生定理が成り立つことが知られている ([90])．すなわち，漸近的なマルサスパラメータ λ_0 と正ベクトル $\phi_0 \in L^1$ が存在して，$\lim_{t \to \infty} e^{-\lambda_0 t} b(t) = \phi_0$ となる．マルサスパラメータ λ_0 は，Ψ のラプラス変換 $\hat{\Psi}(\lambda) = \int_0^\infty e^{-\lambda \sigma} \Psi(\sigma) d\sigma$ のスペクトル半径が 1 となるような実数 $\lambda = \lambda_0$ として定まる．

このとき，ヴォルテラ方程式 (6.2.19) で記述される人口再生産過程の**次世代作用素** (NGO; next generation operator) $\mathcal{K}$ は

$$\mathcal{K} = \int_0^\infty \Psi(\sigma) d\sigma \quad (6.2.21)$$

として定義される．$\phi \in L^1$ に対して，具体的に計算すれば，

$$(\mathcal{K}\phi)(a) = K(a) p_\infty(a) \int_0^{a_\dagger} \int_\sigma^{a_\dagger} \frac{\Theta(\zeta)}{\Theta(\sigma)} d\zeta \phi(\sigma) d\sigma \quad (6.2.22)$$

となる．次世代作用素のスペクトル半径 $r(\mathcal{K})$ が基本再生産数 $\mathcal{R}_0$ を与える ([56], [60])．

実際，$r(\mathcal{K})$ が漸近的な世代サイズの比になっていることを見てみよう．感染症の世代分布は

$$b_0(t) = g(t), \quad b_n(t) = \int_0^t \Psi(\sigma) b_{n-1}(t-\sigma) d\sigma, \ n = 1, 2, \ldots$$

で定義される新規感染者の分布であり，その和 $\sum_{n=0}^\infty b_n(t)$ として，再生方程式 (6.2.19) の解が与えられる．このとき，

$$\int_0^\infty b_n(t) dt = \int_0^\infty dt \int_0^t \Psi(\sigma) b_{n-1}(t-\sigma) d\sigma$$
$$= \int_0^\infty \Psi(\sigma) \int_\sigma^\infty b_{n-1}(t-\sigma) dt d\sigma = \mathcal{K} \int_0^\infty b_{n-1}(\sigma) d\sigma$$

であるから，次世代作用素 $\mathcal{K}$ は，時間に関して集計された新規感染者分布 $\int_0^\infty b_n(\sigma) d\sigma$ を，次世代の分布に写す作用素であることがわかる．このときの世代サイズ $B_n := \int_0^\infty |b_n(\sigma)|_{L^1} d\sigma$ に関して，適当な条件のもとで

$$r(\mathcal{K}) = \lim_{n \to \infty} \sqrt[n]{B_n}$$

となることが示される．したがって，$\mathcal{R}_0 = r(\mathcal{K})$ は漸近的な世代サイズ比である．さらに再生定理によって，

$$\mathrm{sign}(\lambda_0) = \mathrm{sign}(r(\mathcal{K}) - 1)$$

という**符号関係** (sign relation) が成り立つ ([123])．

モデル (6.2.9) の場合，次世代作用素 (6.2.22) の値域は $K(a) p_\infty(a)$ で張られる 1 次元空間であるから，$r(\mathcal{K})$ は $\mathcal{K}$ の正固有値であり，(6.2.14) の左辺で与えられることは容易にわかる．同様に，$\hat{\Psi}(\lambda), \lambda \in \mathbb{R}$ のスペクトル半径（正固有値）は

$$\int_0^{a_\dagger} dx \int_0^x e^{-\lambda(x-y)} H(x, y) dy$$

と計算されるから，マルサスパラメータは特性方程式

$$\int_0^{a_\dagger} dx \int_0^x e^{-\lambda(x-y)} H(x, y) dy = 1 \qquad (6.2.23)$$

の唯一の実根として与えられる．(6.2.14) は $r(\mathcal{K}) = \mathcal{R}_0 > 1$ という閾値条件として定式化されるが，それは侵入した感染人口のマルサスパラメータが正になる条件に他ならない．

すなわち，この場合，感染人口の侵入条件は同時にエンデミックな定常解の存在条件でもある．一方，$\mathcal{R}_0 < 1$ であれば，$\lambda_0 < 0$ であり，感染症のない定常状態は局所漸近安定であり，かつエンデミックな定常解は存在しない．

多くの古典的な感染症モデルにおいては，$\mathcal{R}_0$ が 1 を超えると自明な（感染症のない）定常状態は**前方分岐** (forward bifurcation) を起こして不安定化する．一方，分岐したエンデミックな定常解は，$\mathcal{R}_0$ が十分 1 に近ければ，局所安定である（安定性の交換原理）．このとき，$\mathcal{R}_0 < 1$ は感染症のない定常状態の大域的安定性を保証しているから，それが流行抑止の目標になる．しかし，次章で見る HIV/AIDS モデルのように非線形の感染力をもつ場合は，**後退分岐** (backward bifurcation) が起こりうる．すなわち，劣臨界 $\mathcal{R}_0 < 1$ においても安定なエンデミック定常解が存在しうるので，$\mathcal{R}_0 < 1$ は，大域的に見れば，感染症根絶の十分条件ではないことがある（図 6.5 参照）．

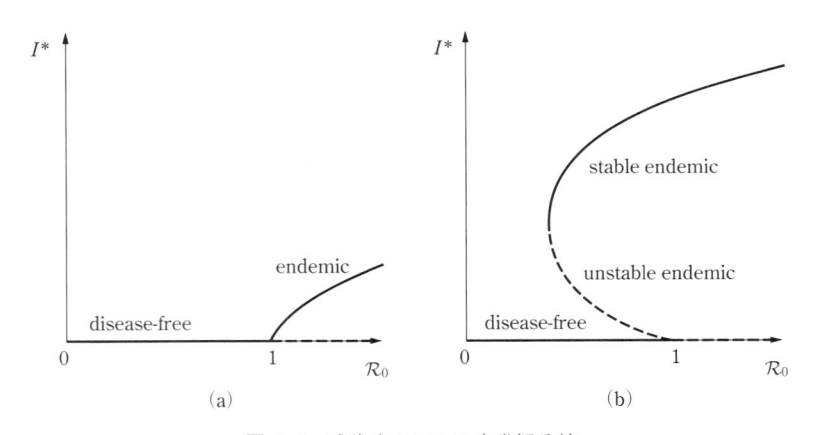

図 **6.5** 感染症モデルの定常解分岐

演習 6.2 モデル (6.1.18) において，$K_0 = 0$ でかつ 2 つの関数 K_1, K_2 が存在して $K(a,\sigma) = K_1(a)K_2(\sigma)$ となると仮定する．この仮定を**分離混合** (separable mixing) という．このとき，ただ 1 つの正の定常解が存在するための必要十分条件は

$$\int_0^{a_\dagger} d\sigma \int_0^{\sigma} K_2(\sigma) e^{-\int_\eta^{\sigma}(\mu(\xi)+\gamma(\xi))d\xi} K_1(\eta) p_\infty(\eta) d\eta > 1$$

であることを示せ．

6.3 世代内感染の場合の漸近挙動

この節では，世代内感染の場合の安定性に関するいくつかの結果を扱う．問題 (6.2.1) の漸近挙動について解析しよう．(6.2.1) の第 1 式を，特性線 $t - a = \text{const.}$ に沿って考えることで，次の式が得られる．

$$i(a,t) = \begin{cases} \dfrac{i_0(a-t)E(a)}{E(a-t) + i_0(a-t)\int_0^t K_0(a-\tau)E(a-\tau)d\tau}, & a \geq t \\ \dfrac{i(0,t-a)E(a)}{1 + i(0,t-a)\int_0^a K_0(\tau)E(\tau)d\tau}, & a < t \end{cases} \quad (6.3.1)$$

ここで，$E(a)$ は (6.2.4) で定義されたものである．実際，$s \geq 0$ に対して $U(s) = i(a_0 + s, t_0 + s)$ を定めることで，

$$\frac{d}{ds}U(s) = [-\mu(a_0 + s) - \delta(a_0 + s) \\ + K_0(a_0 + s)p_\infty(a_0 + s) - K_0(a_0 + s)U(s)]U(s)$$

が得られ，したがって

$$i(a_0 + s, t_0 + s) = \frac{i(a_0, t_0)E(a_0 + s)}{E(a_0) + i(a_0, t_0)\int_0^s K_0(a_0 + \sigma)E(a_0 + \sigma)d\sigma}$$

が得られる．この式より，(6.3.1) は簡単に従う．

式 (6.3.1) は，本節でのモデル解析の出発点である．はじめに，感染症の垂直伝達がない場合 $q = 0$ を除外する．実際，この場合においては $i(0,t) \equiv 0$ であり，したがって

$$i(a,t) = 0, \quad t > a_\dagger \qquad (6.3.2)$$

であるため，感染症は自然に消滅する．

続いて，$q > 0$ の場合を考える．この場合を取り扱うためには，感染者の出生率

$$v(t) = i(0, t) \tag{6.3.3}$$

に関するヴォルテラ積分方程式へと，問題を変形する必要がある．実際，(6.3.1) を (6.2.1) の第 2 式へと代入することで，

$$v(t) = F(t) + \int_0^t G(a, v(t-a))da \tag{6.3.4}$$

の形をとる非線形のヴォルテラ積分方程式が得られる．ただし，

$$F(t) = \int_0^\infty \frac{q\beta(a+t)E(a+t)i_0(a)}{E(a) + i_0(a)\int_a^{a+t} K_0(\tau)E(\tau)d\tau} da, \qquad t \geq 0 \tag{6.3.5}$$

$$G(a, z) = \frac{q\beta(a)E(a)z}{1 + z\int_0^a K_0(\tau)E(\tau)d\tau}, \qquad a \geq 0, \ z \geq 0 \tag{6.3.6}$$

とする．ここですべての関数は区間 $[0, a_\dagger]$ の外側でゼロであるように拡張されているとしよう．

このような積分方程式への還元によって，はじめに問題の解の存在と一意性を証明する．実際，次が得られる．

定理 6.3.1 (6.1.12) および (6.1.19) は満たされるものとし，$i_0 \in L^1[0, a_\dagger]$ とする．このとき，方程式 (6.3.4) はただ 1 つの連続な解 $v(t)$ をもつ．

証明 解は，空間 $C[0, T]$ ($T > 0$ は任意) 内の不動点として得られる．実際，

$$(\mathcal{F}v)(t) = F(t) + \int_0^t G(a, v(t-a))da \tag{6.3.7}$$

として定義される写像 $\mathcal{F} : C[0, T] \to C[0, T]$ に対して，集合

$$\Omega := \left\{ v(\cdot) \in C[0, T]; \quad 0 \leq v(t) \leq |F|_{C[0,T]} \ e^{q|\beta|_\infty t} \right\}$$

は不変であり，さらに，この集合に属する v と $\bar{v}$ に対して，

$$|\mathcal{F}^N v - \mathcal{F}^N \bar{v}|_{C[0,T]} \leq \frac{C^N T^N}{N!} |v - \bar{v}|_{C[0,T]}$$

が成立する．ただし，C は定数とする．したがって，存在と一意性は従う．□

演習 6.3 $\mathcal{F}(\Omega) \subset \Omega$ であることを示し，ある自然数 N で $\mathcal{F}^N$ が縮小写像になることを示して，上記の証明を完成させよ．

もちろん，この定理は，式 (6.3.1) と (6.3.3) を経由することで，問題 (6.2.1) の解の存在と一意性を保証するものである．

ここで，(6.3.4) の極限方程式

$$v(t) = \int_0^{a_\dagger} G(a, v(t-s))ds \tag{6.3.8}$$

を考えると，その定数解 $v^* > 0$ は

$$v^* = \int_0^{a_\dagger} G(a, v^*)da$$

を満たす必要があり，この式はすでに議論された (6.2.5) と同じ式であることを注意しておこう．

いまや $v(t)$ の漸近挙動の完全な記述を与えることができる．定理 6.3.1 の仮定が満たされているものとした上で，次の基本的な結果からはじめよう．

命題 6.3.2

$$\beta(a) > 0, \quad \text{a.e. } a \in [a_1, a_2] \tag{6.3.9}$$

を仮定し，i_0 はある $t \geq 0$ に対して

$$\int_0^{a_\dagger} \beta(a+t)i_0(a)da > 0 \tag{6.3.10}$$

を満たすようなものであるとする．このとき，(6.3.4) の解は終局的に正である．

証明 (6.3.9) と (6.3.10) が満たされているなら，$F(t)$ と $v(t)$ は $[0, a_\dagger]$ 上で恒等的にゼロではない．$t \in (\alpha, \beta) \subset [0, a_\dagger]$ に対して $\inf_{t \in (\alpha,\beta)} v(t) > 0$ を仮定する．このとき，$t \in (\alpha+a_1, \beta+a_2)$ に対して $(a_1, a_2) \cap (0 \vee (t-\beta), t-\alpha) \neq \emptyset$ であることから，

$$v(t) \geq \int_0^t G(t-s, v(s)) ds$$
$$\geq \min_{t \in [\alpha, \beta]} v(t) \int_{0 \vee (t-\beta)}^{t-\alpha} \frac{q\beta(a)E(a)}{1 + v(t-a)\int_0^a K_0(\tau)E(\tau)d\tau} da > 0$$

が成立する．この議論を繰り返すことで，任意の正の整数 n に対して，

$$v(t) > 0, \quad t \in (\alpha + na_1, \beta + na_2)$$

が得られる．また，ある $t_0 > 0$ に対して

$$\bigcup_{n=1}^{\infty} (\alpha + na_1, \beta + na_2) \supset [t_0, \infty)$$

であることから，$t > t_0$ に対して $v(t) > 0$ が成立する． □

条件 (6.3.9), (6.3.10) の意味するところは，初期データ i_0 がある台をもち，その台を右に移動すると出生率の区間と共通部分をもつ，ということである．この条件が成立しないなら，$F(t)$ は恒等的にゼロであり，したがって，$t \geq 0$ に対して $v(t)$ もゼロとなる．

いま，条件 (6.3.9) と (6.3.10) の下での $v(t)$ の挙動を解析する．この挙動は，閾値条件 (6.2.7) に依存する．はじめに以下を得る．

定理 6.3.3 (6.3.9) と (6.3.10) が満たされ，

$$q \int_0^{a_\dagger} \beta(a)E(a)da < 1 \tag{6.3.11}$$

であるなら，

$$\lim_{t \to \infty} v(t) = 0$$

が成立する．

証明 任意の整数 $n \geq 0$ に対し $I_n = [na_\dagger, (n+1)a_\dagger]$ を定め，

$$M_n = \max_{t \in I_n} v(t), \quad \tilde{M}_n = \max\{M_n, M_{n-1}\} \tag{6.3.12}$$

を定義する．命題 6.3.2 の証明より，任意の $n \geq 0$ に対して $M_n > 0$ が成立することに注意しよう．このとき，$n > 0$ に対して $t \in I_n$ であるなら，

$$v(t) = \int_0^{a_\dagger} G(s, v(t-s))ds \leq \int_0^{a_\dagger} G(s, \tilde{M}_n)ds = \tilde{M}_n \Phi(\tilde{M}_n) \quad (6.3.13)$$

が得られる．ここで $\Phi(z)$ は定理 6.2.1 の証明内で定義された関数である．実際，$s \in [0, a_\dagger]$ であることから，$t-s \in I_n \cup I_{n-1}$ が得られ，任意の $a \in [0, a_\dagger]$ に対して $G(a,z)$ は z の非減少関数である．(6.3.13) より，

$$M_n \leq \tilde{M}_n \Phi(\tilde{M}_n), \quad \forall n > 0 \quad (6.3.14)$$

が得られ，$\Phi(z)$ が狭義減少および $\Phi(0) \leq 1$ であることから，

$$M_n < \tilde{M}_n \Phi(0) \leq \tilde{M}_n$$

が得られる．すなわち，$M_n < M_{n-1}$ である．したがって，列 $\{M_n\}$ は減少であり，$M_\infty = \lim_{n \to \infty} M_n$ と定めることで，(6.3.14) の極限として

$$M_\infty \leq M_\infty \Phi(M_\infty)$$

が得られる．$M_\infty > 0$ であるなら，$1 \leq \Phi(0)$ が導かれ，これは $\Phi(0) < 1$ に矛盾する．したがって，$M_\infty = 0$ でなければならず，証明は完成される．□

また，次が得られる．

定理 6.3.4 (6.3.9) と (6.3.10) は満たされるものとし，

$$q \int_0^{a_\dagger} \beta(a) E(a) da > 1 \quad (6.3.15)$$

を仮定する．このとき，
$$\lim_{t \to \infty} v(t) = v^*$$

が成立する．

証明 I_n, M_n および $\tilde{M}_n$ は上述の議論で定義されたものとする．はじめに次を証明する：
$$M_n \leq v^* \quad \text{ならば} \quad M_{n+1} \leq v^* \tag{6.3.16}$$
実際，(6.3.14) ですでに述べられている次の不等式
$$M_{n+1} \leq \tilde{M}_{n+1}\Phi(\tilde{M}_{n+1}), \quad n \geq 0 \tag{6.3.17}$$
を思い出せば，$M_{n+1} > v^*$ であるなら $\tilde{M}_{n+1} = M_{n+1}$ であることから，結果として
$$M_{n+1} \leq M_{n+1}\Phi(M_{n+1}) < M_{n+1}\Phi(v^*) = M_{n+1}$$
が得られ，これは矛盾である．続いて，以下を証明する．
$$M_n > v^*, \ \forall n > N \quad \Rightarrow \quad M_{n+1} < M_n, \ \forall n > N \tag{6.3.18}$$
および
$$\lim_{n\to\infty} M_n = v^*$$
実際，$M_n > v^*$ であるなら，$\tilde{M}_{n+1} > v^*$ であり，(6.3.17) から
$$M_{n+1} \leq \tilde{M}_{n+1}\Phi(\tilde{M}_{n+1}) < \tilde{M}_{n+1}\Phi(v^*) = \tilde{M}_{n+1}$$
が得られる．したがって $M_{n+1} < M_n$ である．すると，$M_\infty = \lim_{n\to\infty} M_n \geq v^*$ とすることで，(6.3.17) の極限を考えれば
$$M_\infty \leq M_\infty \Phi(M_\infty)$$
が得られる．したがって，$M_\infty > v^*$ であるなら $M_\infty < M_\infty$ が得られるが，これは矛盾であるため，必ず $M_\infty = v^*$ が成立していなければならない．また，
$$m_n = \min_{t \in I_n} v(t), \quad \tilde{m}_n = \min\{m_n, m_{n-1}\}$$
を定義し，命題 6.3.2 から列 $\{m_n\}$ は必ず終局的に正であることに注意すれば，

$$m_n \geq v^* \quad \text{ならば} \quad m_{n+1} \geq v^* \tag{6.3.19}$$

$$m_n < v^*, \ \forall n > N \text{ ならば } m_{n+1} > m_n, \forall n > N \text{ および } \lim_{n\to\infty} m_n = v^* \tag{6.3.20}$$

を証明することもできる．証明の手順は，(6.3.15) および (6.3.17) に対するものと同様である．最終的に，(6.3.16), (6.3.18)–(6.3.20) を同時に考慮することで，定理の証明は完成される．□

6.4 著者ノート

年齢構造をもつ人口における感染症の流行は，麻疹やおたふく風邪，風疹，水痘などの小児によく見られる感染症のモデルとの関連において注目されてきた．ここで紹介した一般的なモデルは，本質的には Anderson and May [1], [2] や Dietz and Schenzle [61], Schenzle [174] によるものであるが，その数学的結果はより近年に得られたものである（[3],[4],[21]–[23],[26],[27],[35],[70],[71],[89],[95],[109],[189],[195] を参照）．

ここで紹介した S-I-S モデルは，[22] において研究され，そこではさらに世代間感染の場合の局所安定性に関する結果も得られている．実際，いくつかの続編となる論文 ([26],[27]) では，より一般的な結果として，感染力が一般的な形状 (6.1.9) で与えられる場合にも，すべての正の解を引き寄せるようなエンデミックな定常状態の存在と一意性についての結果が得られている．それらの結果を証明するための手法は，（無限次元）正作用素の理論に属するものであるが，ここではそれにふれないことにする．

S-I-S モデルの場合の解析結果は十分に安定的であって，モデルの挙動は単純なものであることが示されたが，S-I-R モデルの場合にはこのようにはいかない．部分的な結果は多く得られているが，状況は明確さからはほど遠い．エンデミックな定常状態の存在，一意性および安定性のためのいくつかの十分条件は [3],[109] で得られているが，[4] や [189] においてはエンデミックな定常状態が不安定となる場合も示されている．単純な世代内感染の場合につ

いては，[35] において部分的な結果がいくつか得られているが，エンデミックな定常状態の一意性についてですら十分な解決はなされていない．（ミンモ・イアネリ）

♣

過去 20 年間の感染症数理モデルの発展はきわめて著しく，年齢構造化個体群モデルの果たした役割も大きい．実際，具体的なワクチン政策の立案や効果分析をしたり，基本再生産数を感染履歴から推定するためには，ホスト集団の年齢構造は欠かせない ([119])．感染症理論に関係する構造化個体群モデルの発展をカバーする一般的テキストとして，[17], [18], [60], [121], [146], [192], [209] をあげておく．

本章で主に解析されている S-I-S 世代内感染モデルは，通常想定されるような世代間水平感染を無視した特殊なモデルで，この場合明らかに垂直感染がなければ，感染人口は初期感染人口のコーホートに限定されるので，加齢とともに絶滅する．1 つのコーホート内での感染人口のダイナミクスは，パラメータが年齢依存なので，非自律的なロジスティック方程式で記述される．このモデルの解析上の利点は，(6.3.4) で示されたように，感染ダイナミクスがスカラーの非線形ヴォルテラ積分方程式に還元できる点にある．単独の方程式に還元できる S-I-S モデルにおいても，世代間感染がある場合は，必然的に無限次元のシステムを相手にせねばならない．そのような場合は本書では正面から取り上げていないが，典型的な扱いは，[26], [27], [100] などに見ることができる．感染症流行を考えるためには，感染率の季節変動を取り入れることも重要である．たとえば，ベクター（媒介生物）によって流行が拡がる場合は，ベクター個体群の周期的発生が流行を左右することは予想できるであろう ([9])．最近，周期係数をもつ年齢構造化 S-I-S モデルに関しては，エンデミックな周期解の存在定理が得られている ([133], [134])．

世代間感染に関する年齢構造化 S-I-R モデルは，世代内感染 S-I-S モデルよりはるかに普遍的な意義をもっている．このモデルに関する初期の解析的成果は Greenhalgh [70], [71] によって与えられた．Inaba [109] はエンデミック定常解の一意性と局所安定性の条件を示したが，20 年以上たってもエンデ

ミックな定常状態の大域安定性に関する生物学的に妥当で一般的な条件は得られていない．むしろ，複数均衡を含む複雑な挙動が可能であることが示唆されている ([68])．イアネリによる結果に関しては [29]–[31] を参照していただきたい．一方，モデルを離散化して常微分方程式モデルに還元すれば安定性は得られる ([132])．最近，感染人口の年齢依存性を無視した場合も大域安定性が得られることがリアプノフ関数の方法で示されている ([152])．垂直感染がある場合は [115]，ホスト人口がマルサス成長をしている場合は [101], [117] でそれぞれ扱われている．また，ここではホスト人口に外部との出入りは考えていないが，当然ながら感染者移民があれば $\mathcal{R}_0 < 1$ でも感染流行は起きる．移民を取り入れた年齢構造化 S-I-R モデルに関する結果は [67], [103] にある．（稲葉 寿）

第7章
感染症流行における感染年齢構造

　前章では，人口学的過程と疫学的構造の相互作用に重点をおきながら，感染症の流行について考察した．そのような相互作用を演出する主な構造として，ホスト人口に属する各個体の年齢が考慮された．しかし，そのような人口学的年齢，あるいは**実年齢** (chronological age) としばしばよばれるもののみが，感染症モデルを扱う際に必要な年齢というわけではない．実際，各個体が感染してからの経過時間を意味する**感染年齢** (infection age/class age) を考慮することもできる．第6章で扱った，ケルマック[1]とマッケンドリックによるもっとも古くかつ有名な感染症モデル ([126]–[128]) は実際，感染年齢の構造を備えるものであった．そのような構造は，感染個体が回復する，あるいは死亡する確率や，その感染性が，感染者としてその個体が過ごした時間に依存するような感染症をモデル化する上で重要となる．近年の HIV/AIDS 感染症は，この例によく合致するもので，本章の 7.5 節と 7.6 節ではそのモデルを扱っている．

---

[1] William Ogilvy Kermack (1898–1970) はスコットランドの生物化学・物理化学の研究者．実験事故により 20 歳代で盲目となるが，その後も研究者として多産な活動をおこなった．

7.1 ケルマック–マッケンドリックモデル

移民や，自然な理由での出生や死亡のない，封鎖的な人口を考える．この仮定は，人口学的な変化を無視できるような限られた期間において，単一の感染症発生についてモデル化する上では現実的である．したがって，人口のサイズは時間によらず一定であり，P で表される個体の総数は，通常，感受性，感染性および除外された人口の3集団に区分される．

感染性人口に属する個体に対して，各個体が感染してから経過した時間を $\theta \in [0, \theta_\dagger]$ で表すことにする（$\theta_\dagger$ は感染性の持続時間の上限とする）．このとき，感染症は次の変数によってモデル化される．

$S(t) = $ 時刻 t における感受性個体数

$i(\theta, t) = $ 時刻 t における感染性個体の θ 密度

$R(t) = $ 時刻 t における除外された個体数

もちろん，次が成立する．

$$S(t) + \int_0^{\theta_\dagger} i(\theta, t) d\theta + R(t) = P \tag{7.1.1}$$

さらに，次のパラメータを考える：

$\gamma(\theta) = $ 感染年齢別の除去率，$\lambda(t) = $ 感染率（感染力）

したがって，$\gamma(\theta) i(\theta, t) d\theta dt$ は，時間区間 $[t, t+dt]$ の間に除外された人口へと移動した，感染年齢が区間 $[\theta, \theta+d\theta]$ に属する感染性個体数を表す．さらに，$\lambda(t) S(t) dt$ は，時間区間 $[t, t+dt]$ の間に感染性となった感受性個体数を表す．

感染力 $\lambda(t)$ は感染のメカニズムを表す構成的な形式で与えられなければならない．そのような $\lambda(t)$ の形式の内でもっとも簡単なものは，次のようなものである：

$$\lambda(t) = \int_0^{\theta_\dagger} K(\theta) i(\theta, t) d\theta \tag{7.1.2}$$

ここではこの形式を採用するが，後の節ではより一般的かつ意義のある形式をもつ $\lambda(t)$ について議論する．

これらの準備の下で，モデルは次のような方程式となる：

$$
\begin{aligned}
&\text{(i)} && \frac{d}{dt}S(t) = -\lambda(t)S(t) \\
&\text{(ii)} && i_t(\theta,t) + i_\theta(\theta,t) + \gamma(\theta)i(\theta,t) = 0 \\
&\text{(iii)} && i(0,t) = \lambda(t)S(t) \\
&\text{(iv)} && \frac{d}{dt}R(t) = \int_0^{\theta_\dagger} \gamma(\theta)i(\theta,t)d\theta
\end{aligned}
\tag{7.1.3}
$$

この初期条件は

$$
S(0) = S_0, \quad i(\theta,0) = i_0(\theta), \quad R(0) = R_0 \tag{7.1.4}
$$

である．

(7.1.3) の方程式 (ii) と (iii) は，1.2 節と同様の議論で導かれる．実際，今回の場合では，バランス

$$
\begin{aligned}
\int_0^{\theta+h} i(\sigma,t+h)d\sigma = &\int_0^\theta i(\sigma,t)d\sigma + \int_t^{t+h} \lambda(\sigma)S(\sigma)d\sigma \\
&- \int_0^h \int_0^{\theta+s} \gamma(\sigma)i(\sigma,t+s)d\sigma ds
\end{aligned}
$$

より同様の議論を始めることができる（(1.2.1) を参照）．

形式 (7.1.2) の下では，システム (7.1.3) の方程式 (i), (ii) および (iii) は，(iv) と独立に考えることができることに注意しよう．したがって，このシステムを解析する上では，はじめの 3 つの方程式のみを考えれば十分である．

以下の節では，問題 (7.1.2) および (7.1.3) に対して，次のようなパラメータの仮定をおく：

$$
\gamma(\theta) \geq 0, \quad K(\theta) \geq 0, \quad \text{a.e. } a \in [0,\theta_\dagger] \tag{7.1.5}
$$

$$
\gamma(\cdot) \in L^1_{\text{loc}}(0,\theta_\dagger), \quad \int_0^{\theta_\dagger} \gamma(\sigma)d\sigma = \infty \tag{7.1.6}
$$

ある区間 $[\theta_1, \theta_2] \subset (0, \theta_\dagger)$ が存在して,

$$K(\cdot) \in L^\infty(0, \theta_\dagger), \quad K(\theta) > 0, \quad \text{a.e. } \theta \in [\theta_1, \theta_2] \tag{7.1.7}$$

ここで扱うケルマック–マッケンドリックモデルは 1927 年に導入された前期モデル ([126]) であるが,その後 1930 年代に発表された論文ではエンデミックモデルを展開している ([127], [128]).後期モデルは変動感受性や免疫減衰などのさまざまな効果を取り入れる余地があり,近年注目されてきている ([19], [112], [208]).前期モデルは 1957 年に Kendall [125] によって空間的拡散を考慮して拡張された ([12]).空間拡散のある前期モデルは 1970 年代末に Diekmann [52], Thieme [182] らによって再検討され,ケルマック–マッケンドリックモデルに対する関心を再興した.Rass and Radcliffe [165] は空間拡散をもつ多ホストケルマック–マッケンドリックモデルに関するもっとも包括的な研究である.

7.2 システムの単純化

(7.1.3) を微分積分方程式システムへと書き換えることにしよう.積分した式

$$i(\theta, t) = \begin{cases} i_0(\theta - t) \dfrac{B(\theta)}{B(\theta - t)}, & \theta \geq t \\ i(0, t - \theta) B(\theta), & \theta < t \end{cases} \tag{7.2.1}$$

から議論を始める.ここで,

$$B(\theta) = e^{-\int_0^\theta \gamma(\sigma) d\sigma} \tag{7.2.2}$$

と定めた.式 (7.2.1) は,(7.1.3) の (ii) を積分し,初期データ $i_0(\theta)$ を用いることで得られる.次の変数を考える:

$$v(t) = \lambda(t) S(t) = i(0, t) \tag{7.2.3}$$

これが得られれば,式 (7.2.1) を用いることで $i(\theta, t)$ を得ることができる.いま

$$v(t) = \int_0^{\theta_\dagger} K(\theta) i(\theta, t) d\theta \, S(t)$$
$$= \left[\int_0^t K(\theta) B(\theta) v(t-\theta) d\theta + \int_t^\infty K(\theta) \frac{B(\theta)}{B(\theta-t)} i_0(\theta-t) d\theta \right] S(t)$$

が得られる ((7.1.2) を参照)．ただし，$K(\theta)$, $B(\theta)$, $i_0(\theta)$ は $[0, \theta_\dagger]$ の外側でゼロとなるように拡張されている．すると，変数 $v(t)$ と $S(t)$ に関する次のシステムが得られる：

$$\begin{aligned} \frac{d}{dt} S(t) &= -v(t), \\ v(t) &= \left[\int_0^t A(t-s) v(s) ds + F(t) \right] S(t) \end{aligned} \tag{7.2.4}$$

ただし，

$$\begin{aligned} A(t) &= K(t) B(t), \\ F(t) &= \int_0^\infty K(t+s) \frac{B(t+s)}{B(s)} i_0(s) ds \end{aligned} \tag{7.2.5}$$

とし，初期条件は

$$S(0) = S_0 > 0 \tag{7.2.6}$$

とする．(7.2.4)–(7.2.6) の大域解の存在と一意性に関して，次の定理が得られる．

定理 7.2.1 (7.1.5)–(7.1.7) は満たされるものとし，$i_0 \in L^1[0, \theta_\dagger]$ とする．このとき，(7.2.5) と (7.2.6) を備える問題 (7.2.4) には，次を満たす解 $\big(v(t), S(t)\big)$ が一意に存在する：

$$v(t) \geq 0, \quad v(\cdot) \text{ は } [0, \infty) \text{ 上で連続}$$
$$S(t) \geq 0, \quad S(\cdot), S'(\cdot) \text{ は } [0, \infty) \text{ 上で連続}$$

証明 定理の主張を証明する上で，(7.2.4) を単一の方程式へと変換することが有効である．実際，

$$\frac{d}{dt} S(t) = - \left[\int_0^t A(t-s) v(s) ds + F(t) \right] S(t)$$

であることから,
$$S(t) = S_0 e^{-\left[\int_0^t A_1(t-\sigma)v(\sigma)d\sigma + F_1(t)\right]} \tag{7.2.7}$$
が得られる．ここで
$$A_1(t) = \int_0^t A(\sigma)d\sigma, \quad F_1(t) = \int_0^t F(\sigma)d\sigma$$
とした．すると，(7.2.4) は
$$v(t) = S_0 \left[\int_0^t A(t-\sigma)v(\sigma)d\sigma + F(t)\right] e^{-\left[\int_0^t A_1(t-\sigma)v(\sigma)d\sigma + F_1(t)\right]} \tag{7.2.8}$$
と同値であることがわかる．いま，$F(t)$ および $F_1(t)$ は $[0,\infty)$ 上で非負，連続かつ有界である．また $A(t)$ および $A_1(t)$ はほとんど至るところで非負であり，$L^\infty(0,\infty)$ に属する．したがって，任意の $T>0$ に対して，
$$(\mathcal{F}v)(t) = S_0\left[\int_0^t A(t-\sigma)v(\sigma)d\sigma + F(t)\right]e^{-\left[\int_0^t A_1(t-\sigma)v(\sigma)d\sigma + F_1(t)\right]} \tag{7.2.9}$$
で定義される写像 $\mathcal{F}: C[0,T] \to C[0,T]$ は，集合
$$\Omega := \left\{v(\cdot) \in C[0,T], \quad 0 \le v(t) \le S_0|F|_\infty e^{S_0|A|_\infty t}\right\}$$
を，それ自身の中へ写す．さらに，この集合に属する v と $\bar{v}$ に対しては，
$$\left|\mathcal{F}^N v - \mathcal{F}^N \bar{v}\right|_{C[0,T]} \le \frac{C^N T^N}{N!}|v - \bar{v}|_{C[0,T]}$$
が成立する．ここで C はある定数である．したがって，(7.2.8) の一意な連続解は，$\mathcal{F}$ の不動点として得られる．最終的に，(7.2.7) より $S(t)$ が得られる．
□

演習 7.1 上記の証明で，Ω は $C[0,T]$ の閉部分集合で $\mathcal{F}(\Omega) \subset \Omega$ となること，およびある自然数 N に関して，$\mathcal{F}^N$ が縮小写像になっていることを示せ．

注意 7.1 システム (7.2.4) は $(S,v)=(P,0)$ という自明な平衡点をもつが，そこで線形化をおこなうと，

$$z(t) = P\int_0^t A(s)z(t-s)ds + PF(t)$$

という線形化方程式を得る．ここで z は単位時間当たりの新規感染者発生数であり，その再生方程式は，サイズ P の感受性集団に発生した少数の感染者による新規感染者の再生産を表現している．これはロトカの積分方程式と同じであり，感染者の基本再生産数は

$$\mathcal{R}_0 = P\int_0^\infty A(s)ds$$

で与えられる．すなわち，感染症の $\mathcal{R}_0$ は全体が感受性人口である集団に少数の感染者が発生した場合に，1 人の感染者がその全感染性期間に生産する 2 次感染者の平均数である．

次の節では，(7.1.3) の漸近挙動を解析するために，(7.2.4) を用いる．

7.3 解の挙動

感染症の終局的な挙動に関して，はじめに次の定理が得られる：

定理 7.3.1 $(v(t), S(t))$ を，定理 7.2.1 よりその存在が従う (7.2.4) の解とする．このとき，次が成立する．

$$\lim_{t\to\infty} v(t) = 0, \quad \lim_{t\to\infty} S(t) = S_\infty \tag{7.3.1}$$

ここで，S_∞ は

$$S_\infty = S_0 \exp\left[(S_\infty - S_0)\int_0^\infty A(\sigma)d\sigma - \int_0^\infty F(\sigma)d\sigma\right] \tag{7.3.2}$$

を満たす正数である．

証明 はじめに (7.2.4) より,

$$S(t) = S_0 - \int_0^t v(s)ds > 0$$

が成立し，したがって

$$\int_0^\infty v(s)ds \leq S_0 \tag{7.3.3}$$

および

$$\lim_{t\to\infty} S(t) = S_\infty = S_0 - \int_0^\infty v(s)ds \geq 0$$

が成立することに注意しよう．また，$t > \theta_\dagger$ に対しては，$F(t) = 0, A(t) = 0$ であることと，(7.3.3) より $v \in L^1(0,\infty)$ が成り立つことから，

$$\lim_{t\to\infty} \int_0^t A(t-s)v(s)ds = 0$$

が得られる．したがって，(7.2.4) において極限操作をおこなえば，(7.3.1) が証明される．感受性人口の最終規模に関しては，$v(t) = -\dfrac{d}{dt}S(t)$ であることから，(7.2.7) より,

$$\begin{aligned}S(t) &= S_0 \exp\left[\int_0^t A_1(t-\sigma)\frac{dS}{d\sigma}(\sigma)d\sigma - F_1(t)\right] \\ &= S_0 \exp\left[\int_0^t A(\sigma)(S(t-\sigma) - S_0)d\sigma - F_1(t)\right]\end{aligned}$$

が得られる．したがって，これに極限操作を施せば，(7.3.2) が得られる．□

上の定理は，単一の感染症について，次の2つの主要な事実を述べている．すなわち，**感染症は最終的には駆逐されるが，感受性人口はその感染症によって絶滅することはない**．実際，$I(t)$ を感染人口サイズとすれば，

$$\lim_{t\to\infty} I(t) = \lim_{t\to\infty} \int_0^{\theta_\dagger} i(\theta,t)d\theta = \lim_{t\to\infty} \int_0^\infty v(t-\theta)B(\theta)d\theta = 0 \tag{7.3.4}$$

であり，また (7.3.2) より，$S_\infty > 0$ である．

感染症の挙動に関するもう 1 つの重要な論点に，その感染症の規模が拡大するための閾値の存在があげられる．この閾値を導入するために，はじめに次の命題を示す必要がある：

命題 7.3.2 定理 7.2.1 の条件の下で，$v(t)$ は恒等的にゼロであるか，終局的に正である．また，$v(t)$ が恒等的にゼロでなく

$$K(\theta) > 0, \quad \text{a.e. } \theta \in [0, \theta_\dagger] \tag{7.3.5}$$

が成立するなら，$v(t)$ はすべての $t \geq 0$ に対して正である．

証明 この証明は，命題 6.3.2 の証明と似ている．実際，$v(t)$ が恒等的にゼロでないのなら，ある区間 (α, β) が存在して，$\inf_{t \in (\alpha, \beta)} v(t) > 0$ と仮定できる．$t \in (\alpha + \theta_1, \beta + \theta_2)$ に対して，

$$\begin{aligned} v(t) &\geq S(t) \int_0^t A(t-\theta) v(\theta) d\theta \geq S(t) \int_\alpha^{t \wedge \beta} A(t-\theta) v(\theta) d\theta \\ &\geq S(\beta + \theta_2) \inf_{\theta \in (\alpha, \beta)} v(\theta) \int_\alpha^{t \wedge \beta} A(t-\theta) d\theta \\ &= S(\beta + \theta_2) \inf_{\theta \in (\alpha, \beta)} v(\theta) \int_{0 \vee (t-\beta)}^{t-\alpha} K(\theta) B(\theta) d\theta > 0 \end{aligned}$$

が成立する（(7.1.7) を参照）．実際，$(\theta_1, \theta_2) \cap (0 \vee (t-\beta), t-\alpha) \neq \emptyset$ であり，$S(\beta + \theta_2) > 0$ であるからである．この議論を繰り返すことで，任意の正の整数 n に対して，

$$v(t) > 0, \quad t \in I_n := (\alpha + n\theta_1, \beta + n\theta_2)$$

を証明することができる．n として $\beta - \alpha + n(\theta_2 - \theta_1) > \theta_1$ となるようにとれば，$I_n \cap I_{n+1} \neq \emptyset$ だから，$t > \alpha + n\theta_1$ ではつねに $v(t) > 0$ となる．いま (7.3.5) は満たされるものとする．すると，$F(0) > 0$ であり，したがって $v(0) > 0$ である．もしもどこかで $v(t)$ がゼロとなるなら，

$$v(t_0) = 0, \quad v(t) > 0, \quad t \in [0, t_0)$$

を満たすようなある t_0 が存在する．すると，次が得られる：

$$0 = v(t_0) = S(t_0) \left[\int_0^{t_0} A(t_0 - \sigma) v(\sigma) d\sigma + F(t_0) \right]$$
$$\geq S(t_0) \int_0^{t_0} A(t_0 - \sigma) v(\sigma) ds > 0$$

しかしこれは矛盾である．したがって，すべての $t \geq 0$ に対して，$v(t) > 0$ が成立する．□

いま $I_k = [k\theta_\dagger, (k+1)\theta_\dagger]$ $(k = 1, 2, ...)$ として，

$$m_k = \min_{t \in I_k} v(t), \quad M_k = \max_{t \in I_k} v(t), \quad S_k = S(k\theta_\dagger) \tag{7.3.6}$$

を定義すれば，上の命題の帰結としてただちに次が得られる：

命題 7.3.3 $F(t)$ は $[0, \theta_\dagger]$ 上で恒等的にゼロでないと仮定する．このとき，すべての $k \geq 0$ に対して $M_k > 0$ であり，かつ終局的には $m_k > 0$ である．さらに (7.3.5) が満たされるなら，すべての $k \geq 0$ に対して $m_k > 0$ が成立する．

証明 はじめに，$F(t)$ は $[0, \theta_\dagger]$ 上で恒等的にゼロではないために，$v(t)$ も恒等的にゼロではなく，$M_0 > 0$ が得られる．一方，$M_k > 0$ を仮定し，$[\alpha, \beta]$ 上で $v(t) > 0$ となるような $[\alpha, \beta] \subset I_k$ を定める．すると，命題 7.3.2 の証明より，$[\alpha + n\theta_1, \beta + n\theta_2]$ 上で $v(t) > 0$ となる．$(k+1)\theta_\dagger < \alpha + n\theta_1 < (k+2)\theta_\dagger$ であるような n を見つけることは可能であるため，I_{k+1} のどこかで $v(t) > 0$ であり，結果として $M_{k+1} > 0$ が得られる．この命題の主張の後半部分は，命題 7.3.2 の帰結としてただちに従う．□

いま，次の閾値を定義する：

$$T = \frac{1}{\int_0^{\theta_\dagger} A(\theta) d\theta} \tag{7.3.7}$$

モデル (7.1.3) においては，サイズ P の全人口が感受性であれば，その基本再生産数は

$$\mathcal{R}_0 = P \int_0^\infty A(\theta) d\theta$$

であり，これは $\mathrm{sign}(P-T) = \mathrm{sign}(\mathcal{R}_0 - 1)$ を意味している．そこで T は感染症の流行が発生するような最小の人口サイズ（**臨界人口規模**：critical community size）に他ならない．$P < T$ であれば $\mathcal{R}_0 < 1$ であって，流行は発生しないと予期される．実際には，以下のような大域的結果が得られる：

定理 7.3.4 (7.3.5) が満たされるものとする．このとき，$k > 0$ に対して，

$$S_k < T \quad \text{ならば} \quad M_k < M_{k-1} \tag{7.3.8}$$

$$S_{k+1} > T \quad \text{ならば} \quad m_k > m_{k-1} \tag{7.3.9}$$

が得られる．さらに，

$$S_\infty < T \tag{7.3.10}$$

が得られる．

証明 $k > 0$ に対し $t \in I_k$ とする．このとき，

$$v(t) = S(t) \int_0^{\theta_\dagger} A(s) v(t-s) ds$$

が成立する．$s \in [0, \theta_\dagger]$ に対して $(t-s) \in I_k \cup I_{k-1}$ であるため，

$$v(t) \leq S(t) \int_0^{\theta_\dagger} A(s) ds \max\{M_k, M_{k-1}\}, \quad M_k \leq \frac{S_k}{T} \max\{M_k, M_{k-1}\}$$

が得られる．したがって，$S_k < T$ であれば，$M_k < \max\{M_k, M_{k-1}\}$ が得られ，$M_k > 0$ であることから，(7.3.8) は証明される．(7.3.9) の証明は同様である．(7.3.10) に関しては，もしこれが成り立たなければ，$S_\infty \geq T$ であり，S_k は狭義単調減少なので，すべての k に対して $S_k > T$ を仮定できる．(7.3.9) より列 m_k が増加列となって，(7.3.1) に矛盾する．□

上の定理は，長さが $\theta_\dagger$ であるような時間ステップの列を通じて，どのように感染症が発展するかについて詳細な説明を与えるものである．たとえば，

はじめのステップの終わりで感受性個体の数が閾値 T を下回るのならば，その感染症の規模は拡大しないということがわかる．また (7.3.10) より，感受性個体の数は最終的にはその閾値を下回ることがわかる．一般的に，$S_0 > T$ であるなら，$S(\bar{t}) = T$ であるような $\bar{t} \in I_{\bar{k}}$ を定めることができる．すると，$\bar{k} > 0$ であるなら，

$$m_{k+1} > m_k, \qquad k = 0, 1, ..., \bar{k} - 1$$
$$M_{k+1} < M_k, \qquad k \geq \bar{k}$$

が得られる．結論として，感染過程についてはおよそ以下のように記述することができる：

> 感受性個体サイズが閾値 T を上回っている限り，感染爆発が起きて，有限時間の間，感染拡大が起きる．その後，感染は減少に転じて最終的には死滅する．

注意 7.2 ホスト人口サイズを P として，$R(0) = 0$ とする．(7.3.2) において，初期感染人口をゼロへ近づけると，$S_0 \to P, F \to 0$ となって，

$$S_\infty = P \exp\left[(S_\infty - P) \int_0^\infty A(\sigma) d\sigma\right]$$

という極限的関係を得る．基本再生産数は $\mathcal{R}_0 = P \int_0^\infty A(\sigma) d\sigma$ であるから，$p := 1 - S_\infty/P$ と定義すれば，

$$1 - p = \exp(-p\mathcal{R}_0)$$

を得る．これを**最終規模方程式** (final size equation) とよぶ．また p は最終的に感染する人口割合であり，流行の**最終規模** (final size) とよばれ，$\mathcal{R}_0 > 1$ であれば，最終規模方程式のただ1つの正根として定まる．初期感染人口サイズがゼロとなる極限でも，$\mathcal{R}_0 > 1$ であれば，最終規模がゼロではない，というところが閾値現象という非線形性の現れである．実際の感染症流行は，ホストの人口サイズに比べてきわめて少数の感染者からはじまると考えられるから，この極限的流行がよい近似になっている．したがって $\mathcal{R}_0$ が与えられれば，最終規模方程式から流行規模の下限が予測できることになる．

7.4 感染力の構造について

前節では，感染力の構造として (7.1.2) を仮定していた．実際，(7.1.2) はケルマック–マッケンドリックのモデルでも採用されていたものである．しかし，より現実的な $\lambda(t)$ の仮定は，接触感染のメカニズムの描写を含むものである必要がある．したがって，ここでは一般的な構造

$$\lambda(t) = C[S(t) + I(t) + \alpha R(t)] \frac{\int_0^{\theta_\dagger} \varphi(\theta) i(\theta, t) d\theta}{S(t) + I(t) + \alpha R(t)} \quad (7.4.1)$$

を考える．ここで関数 $C[x] : \mathbb{R}_+ \to \mathbb{R}_+$ は，**活動的な人口** (active population) のサイズが x であるときの，単位時間当たりの 1 個体の接触数を表す．ただし**活動的**であるとは，通常の生活をおくっていることを意味する．実際，(7.4.1) では，時刻 t での活動的な人口の総数が項 $S(t) + I(t) + \alpha R(t)$ によって表されている．ここで定数 $\alpha \in [0, 1]$ は，除外された個体がまだ活動的である確率，すなわち，病気から回復して免疫を得たのちに通常の生活に戻るような個体である確率である．

関数 $C[x]$ の形状について考えると，それは社会的な挙動と，人々が混合する方法を反映するものでなければならない．単純な比例形

$$C[x] = C_0 x, \qquad C_0 > 0 \quad (7.4.2)$$

は，$K(\theta) = C_0 \varphi(\theta)$ とした場合の (7.1.2) を導くものである．一般的な場合では，$C[x]$ は x について非減少な関数であると仮定される．

さらに，(7.4.1) において，関数 $\varphi(\theta)$ は感染年齢別の感染性，すなわち，感染年齢 θ のある感染性個体と接触して感染する確率を表す．したがって，項

$$\frac{\int_0^{\theta_\dagger} \varphi(\theta) i(\theta, t) d\theta}{S(t) + I(t) + \alpha R(t)}$$

は，ある感受性個体が，1 回の接触で，感染性個体と出会って感染が起きる確率である．

関数 $\varphi(\theta)$ は感染症の種類や，その病気が感染性個体の体内でどのように発展するかに依存する．したがって，たとえば，感染した個体がまだ感染性をもたないような潜伏期間の存在する感染症を考慮する上で，その関数を利用できる．

変動的な感染性が重要な役割を担う特別な例として，HIV/AIDS 感染症が考えられるであろう．実際，この感染症の感染性は，接触の直後に高いピークを迎え，その後非常に低い水準に長期間（年）留まり，最終的には，エイズの症状があらわれるまで上昇を続ける．図 7.1 のグラフはそのような $\varphi(\theta)$ の挙動を表すもので，抗体陽性の人々への血液検査に基づく理論的な議論によって描かれている ([16])．

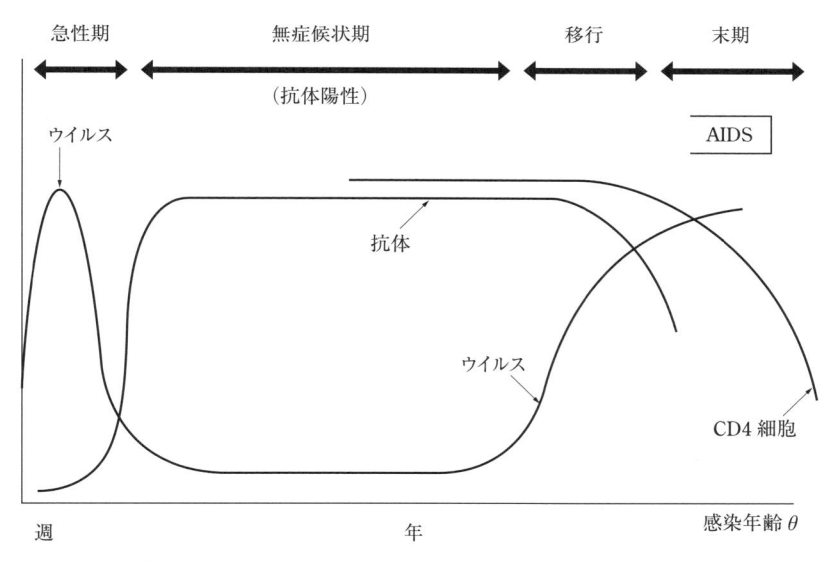

図 7.1 HIV 感染から AIDS への道．$\varphi(\theta)$ は血中のウイルス量に比例すると想定される．
出典：Confronting AIDS Update 1988, National Academy of Science

しかしながら，数学的な観点からは，(7.4.1) のようなより複雑な形式の $\lambda(t)$ に対しても，定理 7.3.1 の結果は依然として有効で，基本的なケルマック–マッケンドリックモデルに対する結論は変わらないことに注意する必要がある．本質的な挙動の変化は，人口動態を導入した際に起こる．次節では，

そのようなモデルを扱う．

7.5 人口動態の導入

前節のモデルの拡張を考えよう．すなわち，感受性人口への一定の流入と，自然死亡による一定の割合での流出を仮定することで，モデルに簡単な人口学的過程を付加することにする．したがって，次を定義する．

Λ = 単位時間当たりの感受性人口への流入個体数

μ = 自然死亡率,すなわち感染症以外の理由で個体が死亡する率(死亡力)

ここでわれわれが考察する人口集団は，なんらかの特別な個体の集団（リスクグループや社会的集団など）であるかもしれず，その場合には Λ と μ は自然な出生や死亡というよりは，考えている特定人口集団への転入と転出を表現していると考えられる．

モデルの方程式は，次の形式で記述される：

$$\begin{aligned}
&\frac{d}{dt}S(t) = \Lambda - \lambda(t)S(t) - \mu S(t) \\
&i_t(\theta,t) + i_\theta(\theta,t) + \gamma(\theta)i(\theta,t) + \mu i(\theta,t) = 0 \\
&i(0,t) = \lambda(t)S(t) \\
&\frac{d}{dt}R(t) = \int_0^{\theta_\dagger} \gamma(\theta)i(\theta,t)d\theta + \mu \int_0^{\theta_\dagger} i(\theta,t)d\theta
\end{aligned} \quad (7.5.1)$$

その初期条件は

$$S(0) = S_0, \quad i(\theta,0) = i_0(\theta), \quad R(0) = R_0 \quad (7.5.2)$$

である．ここで，$\gamma(\cdot)$ は前節で導入された年齢別除去率であり，(7.1.5) と (7.1.6) の仮定を満たすものとする．$\lambda(t)$ については，一般的な形式 (7.4.1) で $\alpha = 0$ の場合

$$\lambda(t) = C\left[S(t) + I(t)\right] \frac{\int_0^{\theta_\dagger} \varphi(\theta)i(\theta,t)d\theta}{S(t) + I(t)} \quad (7.5.3)$$

を考える．ここで $\varphi(\cdot)$ は

$$\varphi(\theta) \geq 0, \quad \text{a.e. } \theta \in [0, \theta_\dagger] \tag{7.5.4}$$

$$\varphi \in L^\infty(0, \theta_\dagger), \quad \varphi(\theta) > 0, \quad \text{a.e. } \theta \in [\theta_1, \theta_2] \subset [0, \theta_\dagger] \tag{7.5.5}$$

を満たすものとし，非負関数 $C[\,\cdot\,]$ は連続的微分可能で

$$C'[x] \geq 0, \quad \forall x \in \mathbb{R}_+ \tag{7.5.6}$$

$$\text{関数}\quad x \to \frac{C[x]}{x} \quad \text{は非増加} \tag{7.5.7}$$

を満たすものとする．

　ここで，$\alpha = 0$ であるため，(7.5.1) のはじめの3式は $R(t)$ に依存せず，したがってその最後の式は考えなくてもよいことに注意しよう．

　モデル (7.5.1) では，隔離クラスは感染性個体から流出した個体をすべて受け入れるクラスになっている．たとえば感染状態からの離脱が感染者の死亡を意味していて，$R(t)$ は感染者の累積死亡者数であると考えるならば，これは正当である．一方，HIV/AIDS のモデルとして考えた場合，$\gamma(\theta)$ がエイズ発症率，$R(t)$ が生存しているエイズ発症者であると考えると，$R(t)$ の式の右辺は

$$\int_0^{\theta_\dagger} \gamma(\theta) i(\theta, t) d\theta - (\mu + \delta) R(t)$$

とおき換える必要がある．ここで δ はエイズ発症者の超過死亡率である．ただしこれらの解釈はモデル (7.5.1) の数理解析には影響しない．

　(7.5.1), (7.5.2) の解析については，前述の議論のようにおこなう．特性線に沿った積分により

$$i(\theta, t) = \begin{cases} i_0(\theta - t) e^{-\mu t} \frac{B(\theta)}{B(\theta - t)}, & \theta \geq t \\ v(t - \theta) e^{-\mu \theta} B(\theta), & \theta < t \end{cases} \tag{7.5.8}$$

が得られる．ここで $B(\theta)$ と $v(t)$ は 7.2 節で定義されたものと同様である．すると，問題は次のシステムへと変換される．

$$\frac{d}{dt}S(t) = \Lambda - \mu S(t) - v(t)$$
$$I(t) = \int_0^t B_1(t-s)v(s)ds + G(t) \tag{7.5.9}$$
$$v(t) = S(t)\frac{C[S(t)+I(t)]}{S(t)+I(t)}\left[\int_0^t A_1(t-s)v(s)ds + F_1(t)\right]$$

ここで
$$B_1(t) = e^{-\mu t}B(t), \quad A_1(t) = e^{-\mu t}\varphi(t)B(t)$$
$$F_1(t) = e^{-\mu t}\int_0^\infty \varphi(t+s)\frac{B(t+s)}{B(s)}i_0(s)ds$$
$$G(t) = e^{-\mu t}\int_0^\infty \frac{B(t+s)}{B(s)}i_0(s)ds$$

とする．ただし，通常どおり，φ, B, i_0 は $[0, \theta_\dagger]$ の外側ではゼロであるように拡張されているものとする．

ここでふたたび，標準的な理論により，$S(t) \geq 0$, $I(t) \geq 0$, $v(t) \geq 0$ であり，かつ $S(t)$, $S'(t)$, $I(t)$, $v(t)$ が連続であるような (7.5.9) の大域解の存在が示される．

演習 7.2 初期条件 (7.5.2) は非負であるとする．システム (7.5.1) の解が存在すれば，つねに非負であることを示せ．

ここでその詳細は省略するが，後述の議論でも用いられるので，解の大域性を含意するいくつかの評価式は述べておこう．はじめに，定数変化法の公式から次の等式を得る：

$$S(t) = S_0 e^{-\mu t} + \frac{\Lambda}{\mu}(1 - e^{-\mu t}) - \int_0^t e^{-\mu(t-s)}v(s)ds \tag{7.5.10}$$

これより，
$$\limsup_{t\to\infty}\int_0^t e^{-\mu(t-s)}v(s)ds \leq \frac{\Lambda}{\mu} \tag{7.5.11}$$

が得られる．さらに，(7.5.9) と (7.5.10) より，

$$S(t) + I(t) = S(t) + \int_0^t B_1(t-s)v(s)ds + G(t)$$

$$\leq S(t) + \int_0^t e^{-\mu(t-s)}v(s)ds + G(t)$$

$$= S_0 e^{-\mu t} + \frac{\Lambda}{\mu}(1 - e^{-\mu t}) + G(t)$$

が得られることから,

$$\limsup_{t \to \infty}(S(t) + I(t)) \leq \frac{\Lambda}{\mu} \tag{7.5.12}$$

が従う. 最後に,

$$\limsup_{t \to \infty} \int_0^t A_1(t-s)v(s)ds \leq |\varphi|_\infty \limsup_{t \to \infty} \int_0^t e^{-\mu(t-s)}v(s)ds \leq |\varphi|_\infty \frac{\Lambda}{\mu}$$

が得られるが, これは

$$\limsup_{t \to \infty} v(t) < \infty \tag{7.5.13}$$

を意味する. これらの不等式より, 次の定理が得られる.

定理 7.5.1

$$C\left[\frac{\Lambda}{\mu}\right] \int_0^{\theta_\dagger} e^{-\mu\theta}\varphi(\theta)B(\theta)d\theta < 1 \tag{7.5.14}$$

であるなら,

$$\lim_{t \to \infty} v(t) = 0 \tag{7.5.15}$$

が成立する.

証明 (7.5.9) より,

$$v(t) \leq C[S(t) + I(t)]\left[\int_0^t A_1(t-s)v(s)ds + F_1(t)\right]$$

が得られる. すると

$$\limsup_{t \to \infty} \int_0^t A_1(t-s)v(s)ds \leq \int_0^\infty A_1(s)ds \limsup_{t \to \infty} v(t)$$

であることから，

$$\limsup_{t\to\infty} v(t) \leq C\left[\frac{\Lambda}{\mu}\right] \int_0^\infty A_1(s)ds \limsup_{t\to\infty} v(t)$$

が得られる．したがって，(7.5.13) と (7.5.14) より，(7.5.15) が得られる．□

条件 (7.5.14) は閾値条件であり，パラメータ

$$\mathcal{R}_0 = C\left[\frac{\Lambda}{\mu}\right] \int_0^{\theta_\dagger} e^{-\mu\theta}\varphi(\theta)B(\theta)d\theta \qquad (7.5.16)$$

は，その感染症の**基本再生産数**とよばれる．これは，活動的な感受性人口の規模が Λ/μ であるときに，1感染個体が（その全感染性期間の間に）生産しうる新規感染個体の平均数と解釈することができる．実際，$S^* = \Lambda/\mu$, $i^*(\theta) \equiv 0$ はシステム (7.5.1) の定常状態で，**感染症流行のない定常状態** (disease-free steady state) とよばれる．(7.5.10) より，定理 7.5.1 から以下を得る：

> $\mathcal{R}_0 < 1$ なら，感染症は絶滅へ向かい，感受性人口は定常状態 Λ/μ に到達する．

ここで，特別な仮定 (7.4.2) と $\mu = 0$ の下では，$\mathcal{R}_0$ は 7.3 節のモデルに対する閾値と同様なものであることに注意しよう．$\mathcal{R}_0 > 1$ なら，本節のモデルにおける非自明な定常状態（感染症のエンデミックな定常状態）の存在が従う．この点については，次節で解析する．

演習 7.3 モデル (7.5.1) を，その自明な定常解 $(\Lambda/\mu, 0, 0)$ で線形化して，微少な感染人口密度 $i(\theta, t)$ が第 1 章で研究したロトカ–マッケンドリックシステムで記述されることを示し，その場合（人口モデルとして見た場合の）純再生産率 $\mathcal{R}$ が，上記の基本再生産数に他ならないことを示せ．したがって，$\mathcal{R}_0 > 1$ であれば，自明な定常解は不安定である．

感染症の基本再生産数の概念は 19 世紀に遡る古い前史 ([159], [160]) があるが，1990 年に Diekmann, Heesterbeek and Metz [56] によって定常環境への侵入に対してはじめて明瞭な数学的定義を得た．その後，2006 年には Bacaër and Guernaoui [9] によって，周期環境の場合へ拡張され，現在に至るまで感染症数理モデルの中心的概念として発達してきている．

線形の人口増加の閾値として使える指標は他にも考えることができるが，人口を世代分解してみた場合，世代間の人口サイズの漸近的な比を与える (generational interpretation) という意味で $\mathcal{R}_0$ はユニークかつ普遍的な地位を占めている．その意味では，任意の時間変動する環境下でも定義することができる ([122]–[124], [193], [210])．すなわち，基本再生産数は人口ダイナミクスの基本構造を反映した指導的指標である．

上で見たように，$\mathcal{R}_0$ は侵入の閾値であるばかりか，しばしば感染症流行の大域的な挙動を決定しているから，応用上の意義も大きい．たとえば，基本再生産数が感受性人口サイズに比例している場合は，集団免疫における臨界的免疫化割合 ϵ は $\epsilon = 1 - 1/\mathcal{R}_0$ で与えられ，これより大きな割合の感受性人口が免疫化されれば，流行は根絶され，感染症のない定常状態が大域的に安定になる．また $\mathcal{R}_0$ の概念を拡張することで，特定の部分人口へ介入することによって全体の流行を制御するための指標（タイプ別再生産数，状態別再生産数）をつくることができる ([120], [124])．

7.6　エンデミックな定常状態

ここでは問題 (7.5.1), (7.5.3) の定常状態を探そう．すなわち，問題

$$
\begin{aligned}
&\Lambda - \mu S^* - \lambda^* S^* = 0 \\
&i_\theta^*(\theta) + \gamma(\theta) i^*(\theta) + \mu i^*(\theta) = 0 \\
&i^*(0) = \lambda^* S^* \\
&\lambda^* = C[S^* + I^*] \frac{\int_0^{\theta_\dagger} \varphi(\theta) i^*(\theta) d\theta}{S^* + I^*} \\
&I^* = \int_0^{\theta_\dagger} i^*(\theta) d\theta
\end{aligned}
\tag{7.6.1}
$$

の解 $(S^*, i^*(\theta))$ を探す．すでに前節で述べたように，感染症流行のない定常状態 $(\Lambda/\mu, 0)$ は実際に (7.6.1) の解であることを注意しておく．$i^*(\theta) \not\equiv 0$ であるような他の解（すなわち，感染症のエンデミックな定常状態）の存在を調べるために，(7.6.1) を変換する必要がある．実際，(7.6.1) の第 2 式より

$$i^*(\theta) = v^* e^{-\mu\theta} B(\theta) \qquad (7.6.2)$$

が得られるため（ただし，$v^* = i^*(0) > 0$ と定めた），問題 (7.6.1) は (7.6.2) を介して次の問題と同値であることがわかる．

$$\begin{aligned}
&\Lambda - \mu S^* - v^* = 0 \\
&I^* = v^* \int_0^{\theta_\dagger} e^{-\mu\theta} B(\theta) d\theta \\
&1 = \frac{S^*}{S^* + I^*} C[S^* + I^*] \int_0^{\theta_\dagger} \varphi(\theta) e^{-\mu\theta} B(\theta) d\theta
\end{aligned} \qquad (7.6.3)$$

これと (7.5.9) を比較すると，(v^*, S^*, I^*) はその定数解であることもわかる．(7.6.3) を解くために，変数

$$\xi = \frac{I^*}{S^* + I^*} \qquad (7.6.4)$$

を導入する．すると，

$$I^* = \xi(S^* + I^*), \qquad S^* = (1-\xi)(S^* + I^*) \qquad (7.6.5)$$

が得られる．

(7.6.3) のはじめの 2 つの式より，

$$\Lambda - \mu(1-\xi)(S^* + I^*) - \frac{\xi}{\int_0^{\theta_\dagger} e^{-\mu\theta} B(\theta) d\theta}(S^* + I^*) = 0$$

が得られ，したがって，

$$S^* + I^* = \frac{\Lambda}{\mu + \left(\dfrac{1}{\int_0^{\theta_\dagger} e^{-\mu\theta} B(\theta) d\theta} - \mu\right)\xi} \qquad (7.6.6)$$

が得られる．すると，(7.6.6) と (7.6.5) を問題 (7.6.3) の第 3 の方程式に代入することで，最終的に

$$1 = (1-\xi)C\left[\frac{\Lambda}{\mu + \left(\frac{1}{\int_0^{\theta_\dagger} e^{-\mu\theta}B(\theta)d\theta} - \mu\right)\xi}\right]\int_0^{\theta_\dagger}\varphi(\theta)e^{-\mu\theta}B(\theta)d\theta \quad (7.6.7)$$

が得られる．

この最後の方程式は，(7.6.5) と (7.6.6) を介して問題 (7.6.3) と同値であるため，今後は (7.6.7) を満たす $\xi \in (0,1)$ を探すことのみに着目すればよい（$\xi = 0$ は感染症流行のない定常状態を与えることに注意しよう）．いま，$C[x]$ は非減少で，

$$\int_0^{\theta_\dagger} e^{-\mu\theta}B(\theta)d\theta \leq \frac{1}{\mu}$$

が成立することから，(7.6.7) の右辺は ξ の減少関数である．そしてその右辺の値は，$\xi = 0$ および $\xi = 1$ に対して，それぞれ $\mathcal{R}_0$ および 0 となる．このことは，次を意味する．

> 方程式 (7.6.7) が解 $\xi^* \in (0,1)$ をもつための必要十分条件は，$\mathcal{R}_0 > 1$ である．その解は存在するなら一意である．

したがって，閾値 $\mathcal{R}_0$ はエンデミックな定常状態の存在にも対応することがわかる．以上の結果をまとめると，次が得られる：

定理 7.6.1 $\mathcal{R}_0 \leq 1$ なら，システム (7.5.1), (7.5.3) には（定常解としては）感染症流行のない定常状態 $(\Lambda/\mu, 0)$ しか存在しない．$\mathcal{R}_0 > 1$ なら，$S^* < (\Lambda/\mu), v^* > 0$ であるようなエンデミックな定常状態 $(S^*, v^*e^{-\mu\theta}B(\theta))$ が（ただ 1 つ）存在する．

$\mathcal{R}_0 < 1$ が感染症の絶滅を意味することはすでに述べた（定理 7.5.1 を参照）．$\mathcal{R}_0 > 1$ の場合，(7.5.1) の解の挙動については，完全には知られていない．そのような場合の挙動についての詳細な解析は [190], [191] でおこなわ

れ，$\mathcal{R}_0 > 1$ であれば感染症は**持続的** (persistent)[2]であり，システムに含まれるさまざまなパラメータの性質によっては，エンデミックな定常状態は安定あるいは不安定となりうることが示された．とくに，エンデミックな定常状態がその安定性を失う場合，周期解が生じうることも示されている[3]．

7.7 著者ノート

この最終章では，最初期の年齢構造化モデルに再び立ち返った．実際，7.1 節で紹介されたケルマック–マッケンドリックモデルは，ロトカの論文とともに，この分野における最古の結果の一部分である．感染症を記述する最初の試みであった彼らのモデルには（感染）年齢構造が含まれていたが，これまで，その著者たちの名前は，もっぱら年齢構造を除いて簡略化されたモデルに対して冠されてきたのである．

後に，感染症の感染年齢は [93] で考慮され，そこでは実年齢と感染年齢を同時に含む一般的なモデルが定式化された．この種のモデルに対する結果は何人かの研究者によって得られているが，最近になって HIV/AIDS 感染症との関連で，ますます高い関心が寄せられるようになってきている．7.5 節のモデルは [33], [190], [191] で導入され，広く解析されるとともに，[96], [98], [99] では数値計算によってイタリアにおけるエイズ流行を記述するために利用されている．（ミンモ・イアネリ）

♣

本章で紹介されているケルマック–マッケンドリックの感染年齢依存モデルの再発見こそが，1970 年代後半における Hans Metz, Odo Diekmann, Horst

---

[2] $t \to \infty$ における感染人口サイズの下極限が初期値に依存しない正の定数で下から評価される場合，流行はパーシステントであるといわれる．この場合，感染症の流行は自然には消滅しないことになる．パーシステンスの概念は生物集団の力学系モデルにおける基本的概念になっている（[178]）．

[3] モデル (7.5.1) の $C[x]$ が単純な比例 (7.4.2) で与えられる場合はエンデミックな定常解の大域安定性が示されている（[148]）．

Thieme らによる感染症数理モデルの再興をリードしたといえる ([51], [140], [153], [166], [182], [183]).

実際，ケルマック–マッケンドリックモデルにおける感染年齢構造という概念は，感染症数理モデルにおいて核心的な着想である．本章で示されているように，基本モデル (7.1.3) は非線形の再生方程式 (7.2.4) に還元された．このことは，感染年齢を軸として考えることで，感染症の流行は，「感染者の自己再生産過程」としてとらえられることを意味している．基本再生産数の意義もこのような再生方程式による定式化から明らかとなる ([123])．それに対して，実年齢 (chronological age) は，ホスト人口集団の人口学的再生産を記述する基本パラメータである．それゆえ，実年齢に依存しているが，感染年齢を導入していない感染症流行モデルでは，かえって感染者の再生産過程 (renewal process) が見えにくい．そのような場合は，より複雑になるが，感染年齢を導入してモデルを拡張してみると，感染者の再生過程が浮かび上がり，基本再生産数も自然に定義されることがわかる ([121])．

とくに，HIV/AIDS や肝炎，シャガス病などのように，感染から発病に至る期間が長大で，その間に感染性や病態の変動がある場合は，現実的なモデリングのためには，感染年齢の導入は必須である．HIV/AIDS 流行の疫学的，統計的分析については [20] を参照されたい．エイズの流行初期に課題であった HIV 感染者数の推定問題を解決した逆計算法 (Back-calculation method) は，感染年齢に基づく再生方程式の反転問題に他ならない ([113])．実年齢と感染年齢を同時に考慮した HIV モデルは Inaba [116] で考察され，ホスト人口の動態と流行の相互作用が劣臨界でのエンデミック定常解の分岐を導くことが示された．同様な現象は媒介生物が存在する潜伏期間の長い感染症（シャガス病など）や肝炎のモデルで観察される ([114])．

最後になるが，一般に，個体のライフサイクルイベントの発生確率の分布として指数分布以外の分布を考えようとすれば，リスク人口へ参入してからの経過時間というローカルタイムを導入する必要があり，モデルは必然的に年齢構造モデルとなることに注意しよう．常微分方程式は，すべての事象が指数分布 (Type I) しているという特殊な状況を想定しているし，時間遅れのある微分方程式は，事象の発生確率としてデルタ関数状の集中した分布 (Type

II) を考えていることになる．それゆえ，近似的に指数分布や集中分布を使用するにしても，はじめに新生児ないしは新規感染者などの再生産過程を表現する年齢構造を導入した普遍的なモデルを構築してから，その特殊ケースとして常微分方程式モデルを導くことは，モデルの本質を理解する上で非常に有効である．

　年齢のない個体群というものは存在しない．だから個体群ダイナミクスモデルは，自己矛盾を含まないのであれば，すべて年齢構造化モデルとして定式化できるはずであり，そうすることでモデルの本質が見えてくる場合が少なくない．（稲葉 寿）

付録 A
ラプラス変換

この付録ではラプラス変換に関するいくつかの定義と結果を提示する．それらはむろんよく知られたものではあるが，本書を読む際に必要に応じて正確な主張を参照できるようにここにそれらをまとめておくことは便利であろう．これらの結果の証明には立ちいらないが，この理論に関するテキスト，とりわけ Doetsch [62] によるモノグラフを参照してほしい．この付録は同書を参考にした．

A.1　定義と性質

$f(\cdot) \in L^1_{\text{loc}}(\mathbb{R}_+; \mathbb{R})$, $\lambda \in \mathbb{C}$ とする．積分

$$\hat{f}(\lambda) = \int_0^\infty e^{-\lambda t} f(t) dt \tag{A.1.1}$$

が異常積分として存在する，すなわち以下の極限

$$\lim_{T \to \infty} \int_0^T e^{-\lambda t} f(t) dt$$

が存在する場合，$f(\cdot)$ は λ でラプラス変換可能であるという．さらに積分 (A.1.1) が絶対収束で存在するとき，$f(\cdot)$ は λ で絶対ラプラス変換可能であるという．

f が λ_0 でラプラス変換可能（絶対ラプラス変換可能）であれば，$\Re\lambda > \Re\lambda_0$ となる任意の λ について f は λ でラプラス変換可能（絶対ラプラス変換可能）であることは容易にわかる．そこで**収束座標**を定義することができる．

$$\sigma = \inf\{\lambda_0 \in \mathbb{R} \mid f \text{ は} \lambda_0 \text{でラプラス変換可能}\}$$

このとき (A.1.1) は半平面 $S_\sigma = \{\lambda\,|\,\Re\lambda > \sigma\}$ において複素関数を定義するが，これは S_σ において正則であることがわかる．それゆえ (A.1.1) によって定義される解析関数 $\hat{f}(\lambda)$ を f のラプラス変換とよぶ．ラプラス変換はその性質のために微分・積分の諸問題を扱うための有用な道具である．ここではいくつかの基礎的な定理をあげておく．

定理 A.1.1　$f(t)$ は $\lambda_0 > 0$ でラプラス変換可能であるとし，

$$F(t) = \int_0^t f(s)ds, \quad t \geq 0$$

を考える．このとき $F(t)$ は $\Re\lambda > \lambda_0$ において絶対ラプラス変換可能であり，

$$\hat{F}(\lambda) = \frac{\hat{f}(\lambda)}{\lambda}, \quad \Re\lambda > \lambda_0$$

定理 A.1.2　$f(t)$ は絶対連続で，$f'(t)$ は $\lambda_0 > 0$ でラプラス変換可能とする．このとき $f(t)$ は $\lambda_0 > 0$ で絶対ラプラス変換可能であり，

$$\hat{f}'(\lambda) = \lambda\hat{f}(\lambda) - f(0^+), \quad \Re\lambda > \lambda_0$$

定理 A.1.3　$f(t)$ は $\lambda_0 > 0$ でラプラス変換可能であり，$g(t)$ は $\lambda_0 > 0$ で絶対ラプラス変換可能とする．畳み込み

$$F(t) = \int_0^t f(t-s)g(s)ds, \quad t \geq 0$$

を考える．$F(t)$ は $\Re\lambda > \lambda_0$ でラプラス変換可能であり，

$$\hat{F}(\lambda) = \hat{f}(\lambda)\hat{g}(\lambda), \quad \Re\lambda > \lambda_0$$

A.2　逆変換公式

ラプラス変換における中心的課題はラプラス変換 $\hat{f}(\lambda)$ が与えられたとき，その原関数 $f(t)$ を回復することである．これについての主要な結果は以下のようである．

定理 A.2.1　$f(t)$ を有界変動で $\lambda \geq \sigma_0$ で絶対ラプラス変換可能とする．このとき

$$\frac{f(0^+)}{2} = \frac{1}{2\pi i}\int_{\sigma-i\infty}^{\sigma+i\infty} \hat{f}(\lambda)d\lambda \tag{A.2.1}$$

$$\frac{f(t^+) + f(t^-)}{2} = \frac{1}{2\pi i} \int_{\sigma-i\infty}^{\sigma+i\infty} e^{\lambda t} \hat{f}(\lambda) d\lambda, \quad t > 0 \qquad (A.2.2)$$

$$\int_{\sigma-i\infty}^{\sigma+i\infty} e^{\lambda t} \hat{f}(\lambda) d\lambda = 0, \quad t < 0 \qquad (A.2.3)$$

ここで

$$\int_{\sigma-i\infty}^{\sigma+i\infty} g(\lambda) d\lambda = \lim_{T \to \infty} \int_{-T}^{T} g(\sigma + is) ds$$

である．公式 (A.2.1)–(A.2.3) は複素逆変換公式として知られている．他の諸公式はこれらから f についてのより弱い条件のもとで導かれる．結果として

定理 A.2.2 $f_1(t), f_2(t)$ はラプラス変換可能で十分大なる $\Re\lambda$ について

$$\hat{f}_1(\lambda) = \hat{f}_2(\lambda)$$

であれば

$$f_1(t) = f_2(t), \quad \text{a.e.} \quad t \in \mathbb{R}_+$$

ラプラス変換の基本的な漸近挙動は以下のようである．

定理 A.2.3 $f(t)$ はラプラス変換可能でその収束座標を σ とする．このとき任意の $\epsilon > 0$ について

$$\lim_{|\lambda| \to \infty, \Re\lambda \geq \sigma+\epsilon} \frac{\hat{f}(\lambda)}{\lambda} = 0 \qquad (A.2.4)$$

となる．さらに $\Re\lambda \geq \sigma_0$ において $f(t)$ が絶対ラプラス変換可能ならば

$$\lim_{|\lambda| \to \infty, \Re\lambda \geq \sigma_0} \hat{f}(\lambda) = 0 \qquad (A.2.5)$$

となる．

しかしながら，条件 (A.2.4) ないし (A.2.5) は与えられた複素関数がなんらかの原関数のラプラス変換であるための十分条件ではない．これに関して，以下の諸性質を満たす複素関数 $F(\lambda)$ を考察しよう：

$$F(\lambda) \text{ は半平面 } S_\sigma \text{で解析的} \qquad (A.2.6)$$

$$\lim_{|\lambda| \to \infty, \Re\lambda \geq \sigma} F(\lambda) = 0 \qquad (A.2.7)$$

$$\int_{-\infty}^{\infty} |F(x+iy)| dy < \infty, \quad \forall x > \sigma \qquad (A.2.8)$$

これらの条件は $t \in \mathbb{R}$ について以下の関数を定義することを許す：

$$f(t) = \frac{1}{2\pi i}\int_{x-i\infty}^{x+i\infty} e^{\lambda t} F(\lambda) d\lambda, \quad x > \sigma \tag{A.2.9}$$

実際，右辺は (A.2.8) によって絶対収束している（$x > \sigma$ に独立）．このとき以下を得る．

定理 A.2.4 $F(\lambda)$ は (A.2.6)–(A.2.8) を満たすとする．このとき (A.2.9) で定義される関数 $f(t)$ は絶対ラプラス変換可能で，

$$\hat{f}(\lambda) = F(\lambda), \quad \Re\lambda > \sigma$$

となる．また $f(t) = 0,\ t < 0$ で $f \in C(\mathbb{R})$ である ([62], p.187)．

A.3 原関数の漸近挙動

複素逆変換公式によって，t が無限大となった場合の原関数の漸近挙動を調べることができる．実際この挙動はラプラス変換の特異点に関係している．主要な結果は以下のようになる．

定理 A.3.1 $f(t)$ は $\Re\lambda > \sigma$ でラプラス変換可能で，$\hat{f}(\lambda)$ は以下のローラン展開において，λ_0 に孤立した極をもつとする．

$$\hat{f}(\lambda) = \sum_{i=-m}^{\infty} c_i (\lambda - \lambda_0)^i \tag{A.3.1}$$

さらに $\sigma_1 < \Re\lambda_0$ が存在して

$$\lim_{|\lambda|\to\infty,\, \sigma_1 \leq \Re\lambda \leq \sigma} \hat{f}(\lambda) = 0 \tag{A.3.2}$$

このとき $\delta < \Re\lambda_0$ が存在して

$$f(t) = e^{\lambda_0 t} \sum_{i=1}^{m} c_i \frac{t^{i-1}}{(i-1)!} + \frac{1}{2\pi i}\int_{\delta-i\infty}^{\delta+i\infty} e^{\lambda t} \hat{f}(\lambda) d\lambda \tag{A.3.3}$$

となる．

むろん (A.3.3) は，最後の積分項の挙動を決定することができれば，$f(t)$ の漸近挙動を与える．しかしながら以下の妥当な仮定

$$\int_{-\infty}^{\infty} |\hat{f}(\delta+iy)|dy < \infty \qquad (A.3.4)$$

は,
$$\lim_{t\to\infty} e^{-\Re\lambda_0 t} \int_{\delta-i\infty}^{\delta+i\infty} e^{\lambda t}\hat{f}(\lambda)d\lambda = 0$$

を得るのに十分である．上記の定理を反復して適用すれば，原関数の漸近展開を得ることができる．

付録B
積分方程式論

　この付録では，ヴォルテラ積分方程式に関するいくつかの結果を提示する．それは本書で用いている方法の基礎となっているこの理論の諸側面への，ある程度まとまった紹介を意図している．それゆえここに示された結果は，いささか特殊な諸結果を集めたものであるが，文献において見いだすのが容易ではないものも含んでいるので，それらは多少くわしく述べることにしよう．文献としては Miller [155] および Gripenberg, Londen and Staffans [72] をあげておく．

B.1　線形理論

　以下では線形のヴォルテラ畳み込みシステム (Volterra convolution system) を考察する：

$$u(t) = \int_0^t K(t-s)u(s)ds + f(t) \tag{B.1.1}$$

ここで未知の $u(t)$ と初期データ $f(t)$ は n 次元ベクトルであり，$K(t)$ は $n \times n$ の行列である．以下では，

$$K(\cdot) \in L^1([0,\infty); \mathcal{L}(\mathbb{R}^n)), \quad f(\cdot) \in L^1([0,\infty); \mathbb{R}^n) \tag{B.1.2}$$

と仮定する．1次元の場合の (B.1.1) の特別な結果は第1章で議論した．ここではレゾルベント方程式を用いて，問題を一般的に取り扱う：

$$R(t) = -K(t) + \int_0^t K(t-s)R(s)ds \tag{B.1.3}$$

178

$$R(t) = -K(t) + \int_0^t R(t-s)K(s)ds \tag{B.1.4}$$

これらの方程式に関しては以下を得る：

定理 B.1.1 $K(\cdot)$ は (B.1.2) を満たすとする．このとき (B.1.3), (B.1.4) を満たす唯一の $R(\cdot) \in L^1_{\mathrm{loc}}([0,\infty); \mathcal{L}(\mathbb{R}^n))$ が存在して，(B.1.2) を満たす任意の $f(\cdot)$ について

$$u(t) = f(t) - \int_0^t R(t-s)f(s)ds \tag{B.1.5}$$

は (B.1.1) の唯一の解を与える．

この証明は通常の逐次代入の手続きに基づいており，(B.1.3), (B.1.4) の解は以下の形で与えられる：

$$R(t) = -\sum_{i=1}^{\infty} K^{(i)}(t) \tag{B.1.6}$$

ここで $*$ を畳み込み作用とすると，$K^{(i)}$ は K の i 回畳み込みであり，$K^{(i+1)} = K * K^{(i)} = K^{(i)} * K$ として逐次的に得られる．この級数は $L^1_{\mathrm{loc}}([0,\infty); \mathcal{L}(\mathbb{R}^n))$ の意味において収束している．(B.1.1) の解の存在と一意性とは別に，この定理の興味深い点は，それが初期データ $f(\cdot)$ によって解を表示していることであり，$f(\cdot)$ の性質との関連のもとで解の性質を得ることを可能にしていることである．この点で，半直線 $[0,\infty)$ 上でレゾルベント核 $R(\cdot)$ が可積分である場合には特別な状況が起こる．実際，以下を得る：

命題 B.1.2 以下が成り立つと仮定する：

$$R(\cdot) \in L^1([0,\infty); \mathcal{L}(\mathbb{R}^n)) \tag{B.1.7}$$

このとき $f(\cdot) \in C_B([0,\infty); \mathbb{R}^n)$ であれば以下が成り立つ[1]：

$$|u(t)| \leq (1 + \|R\|_{L^1})|f|_\infty, \quad \forall t > 0 \tag{B.1.8}$$

さらに $\lim_{t\to\infty} f(t) = 0$ であれば

$$\lim_{t\to\infty} u(t) = 0 \tag{B.1.9}$$

演習 B.1 上記の命題を証明せよ．$u \in C_B([0,\infty); \mathbb{R}^n)$ であるか．

---

[1] $u \in C_B([0,\infty); \mathbb{R}^n)$ のとき，$|u|_\infty$ はそのノルムを表す．また $\|R\|_{L^1} := \int_0^\infty \|R(t)\| dt$ であり，$\|\cdot\|$ は行列のノルムを表す．

上記の命題は，以下のような定義によれば，実際には自明なインプット $f(t) \equiv 0$ に対応する (B.1.1) の自明解 $u(t) \equiv 0$ に関する安定性を意味している．

定義 B.1.3 $\forall \epsilon > 0$ に対して $\delta > 0$ が存在して

$$|f|_\infty < \delta \quad \text{であれば} \quad |u|_\infty < \epsilon \tag{B.1.10}$$

が成り立つとき，(B.1.1) の自明解は**安定**であるという．もし自明解が安定であってさらに

$$\lim_{t \to \infty} f(t) = 0 \text{ であれば } \lim_{t \to \infty} u(t) = 0 \tag{B.1.11}$$

となるとき，**漸近安定**であるという．

連続的な初期データに関連したこの定義はわれわれの目的に必要とされる安定性の概念であり，それを非線形の場合へ拡張する．ここで条件 (B.1.7) に関する決定的な点を強調しておきたい．命題 B.1.2 はこの条件が (B.1.1) の漸近安定性を含意していることを主張しているのであるが，実際はそれ以上のものを得る．

定理 B.1.4 条件 (B.1.7) は (B.1.1) の自明解が安定であるための必要十分条件である．

証明 一般の場合への拡張は容易であるから，スカラーの場合について証明する．はじめに (B.1.8) によって (B.1.7) は安定性を意味していることに注意しよう．そこで安定性を仮定して (B.1.7) を証明する．このために，定義 B.1.3 によって，$f \in C_B([0, \infty); \mathbb{R})$, $|f|_\infty \leq \delta$ であれば，(B.1.1) の解 $u(t)$ が $|u(t)| \leq 1$ を満たすような δ を選ぶ．このとき $f \in C_B([0, \infty); \mathbb{R})$ に対して，$g(t) = \frac{\delta}{|f|_\infty} f(t)$ とおけば，

$$(R * f)(t) = f(t) - \frac{|f|_\infty}{\delta}[g(t) - (R * g)(t)] \tag{B.1.12}$$

であり，かっこ内は初期データが $g(\cdot)$ であるときの (B.1.1) の解である．そこで

$$|(R * f)(t)| \leq \left(1 + \frac{1}{\delta}\right) |f|_\infty \tag{B.1.13}$$

となる．いま (B.1.7) が満たされず，t_n を

$$\lim_{n \to \infty} t_n = \infty, \quad \int_0^{t_n} |R(s)|ds > n$$

ととれると仮定する．ついで

$$\phi_n(s) = \text{sign}(R(t_n - s)), \quad \forall s \in [0, t_n]$$

とおくと,
$$\int_0^{t_n} R(t_n-s)\phi_n(s)ds > n, \quad |\phi_n(s)| \le 1, \quad \text{a.e. } s \in [0, t_n]$$
そこで任意の固定した n について,以下のような $[0, t_n]$ 上の連続関数列 $\{\phi_n^k(s)\}_k$ を考える：
$$|\phi_n^k(s)| \le 1, \quad \phi_n^k(t_n) = 0$$
$$\lim_{k \to \infty} \phi_n^k(s) = \phi_n(s), \quad \text{a.e. } s \in [0, t_n]$$
$\bar{k}$ を
$$\int_0^{t_n} R(t_n-s)\phi_n^{\bar{k}}(s)ds > n \tag{B.1.14}$$
となるように選ぶ.最後に
$$f_n(t) = \begin{cases} \phi_n^{\bar{k}}(t), & t \in [0, t_n] \\ 0, & t > t_n \end{cases}$$
とおけば, $f_n \in C_B([0, \infty); \mathbb{R})$, $|f_n|_\infty \le 1$ であり, (B.1.13) によって
$$|(R * f_n)(t)| \le 1 + \frac{1}{\delta}$$
となるが,これは (B.1.14) に矛盾する. □

この定理と命題 B.1.2 の結果として以下を得る：

系 B.1.5 (B.1.1) の自明解が安定であることと漸近安定であることは同値である.

B.2 ペーリー–ウィーナーの定理

前項において, (B.1.1) の漸近安定性を調べるためには, (B.1.7) が満たされるような積分核 $K(\cdot)$ についての条件を考察する必要があることを見た.ここではペーリー–ウィーナーの定理として知られている古典的な結果を提示しよう[2].これは積分方程式の安定性を検討するための基本的な手段である ([155]). $K(\cdot)$ のラプラス変換を
$$\hat{K}(\lambda) = \int_0^\infty e^{-\lambda t} K(t)dt$$
と表す.これは (B.1.2) によって $\Re\lambda \ge 0$ について絶対収束して存在する.このと

---
[2] ペーリー–ウィーナーの定理については [72] にくわしい解説がある.

き以下を得る：

定理 B.2.1 (B.1.7) が満たされるためには条件

$$\det(I - \hat{K}(\lambda)) \neq 0, \quad \Re\lambda \geq 0 \tag{B.2.1}$$

が成り立つことが必要かつ十分である．

証明 一般的な場合も同様であるからスカラーの場合を証明する（スカラーの場合は2つの方程式 (B.1.3), (B.1.4) は一致することに注意）．はじめに (B.2.1) が必要であることを示そう．実際，(B.1.7) は $R(\cdot)$ が $\Re\lambda \geq 0$ において絶対ラプラス変換可能であることを意味している．さらに (B.1.3) から

$$\hat{R}(\lambda) - \hat{K}(\lambda)\hat{R}(\lambda) = -\hat{K}(\lambda), \quad \Re\lambda \geq 0$$

であるから，

$$(1 - \hat{K}(\lambda))(1 - \hat{R}(\lambda)) = 1, \quad \Re\lambda \geq 0$$

となり，これは (B.2.1) が満たされねばならないことを示している．

(B.2.1) が十分であることを示すために，まず $\Re\lambda$ が十分大きければ $R(\cdot)$ は絶対ラプラス変換可能であることを証明する．事実，$\lambda > 0$ が十分に大であれば，

$$a = \int_0^\infty e^{-\lambda t} |K(t)| dt < 1$$

である．そこで (B.1.3) から

$$\int_0^T e^{-\lambda t} |R(t)| dt \leq a + \int_0^T e^{-\lambda t} \int_0^t |K(t-s)||R(s)| ds dt$$

$$\leq a + \int_0^T e^{-\lambda s} |R(s)| \int_s^T e^{-\lambda(t-s)} |K(t-s)| dt ds$$

$$\leq a + a \int_0^T e^{-\lambda s} |R(s)| ds$$

であり，

$$\int_0^T e^{-\lambda s} |R(s)| ds \leq \frac{1}{1-a}$$

となる．これは $\Re\lambda$ が十分大であれば $R(\cdot)$ は絶対ラプラス変換可能であることを意味している．また (B.1.3) から $\Re\lambda$ が十分大であれば

$$\hat{R}(\lambda) = \frac{\hat{K}(\lambda)}{\hat{K}(\lambda) - 1} \tag{B.2.2}$$

となる．ここでフーリエ変換の基礎的結果を用いる．$f \in L^1(\mathbb{R})$ のフーリエ変換を $f^*(x)$ とする．すなわち，

$$f^*(x) = \int_{-\infty}^{\infty} e^{-ixt} f(t) dt, \quad x \in \mathbb{R}$$

以下を思い出そう[3]：

> $F(z)$ を連結開集合 $A \ni 0$ 上で解析的な関数で，$F(0) = 0$ とする．$f \in L^1(\mathbb{R})$ は $x \in \mathbb{R}$ について $f^*(x) \in A$ とする．このとき $g \in L^1(\mathbb{R})$ が存在して
> $$g^*(x) = F(f^*(x)), \quad \forall x \in \mathbb{R} \qquad (B.2.3)$$
> となる．

$K(\cdot)$ を $t < 0$ においてゼロとして拡張したものを $\bar{K}(\cdot)$ で表す．(B.2.1) によって

$$\bar{K}^*(x) = \hat{K}(ix) \neq 1, \quad \forall x \in \mathbb{R}$$

を得る．そこで $F(z) = \frac{z}{z-1}$ は $\mathbb{C} \setminus \{1\}$ において解析的であるから，$g \in L^1(\mathbb{R})$ が存在して

$$g^*(x) = \frac{\hat{K}(ix)}{\hat{K}(ix) - 1}, \quad x \in \mathbb{R} \qquad (B.2.4)$$

となる．2つの関数を考える：

$$\phi_1(z) = \int_{-\infty}^{0} e^{-zt} g(t) dt, \quad \Re z \leq 0$$

$$\phi_2(z) = \frac{\hat{K}(\lambda)}{\hat{K}(\lambda) - 1} - \int_{0}^{\infty} e^{-zt} g(t) dt, \quad \Re z \geq 0$$

このときこれらの関数は各々の半平面で解析的であり，(B.2.4) より

$$\phi_1(ix) = \phi_2(ix), \quad x \in \mathbb{R}$$

である．そこで関数 ϕ を $\Re \lambda < 0$ で $\phi(z) = \phi_1(z)$，$\Re \lambda > 0$ で $\phi(z) = \phi_2(z)$，と定義すれば，ϕ は全平面で解析的で有界，したがって定数であり，

$$\lim_{x \to -\infty} \phi(x) = 0$$

だから，$\phi \equiv 0, \forall z \in \mathbb{C}$ である．これは

$$\hat{g}(\lambda) = \frac{\hat{K}(\lambda)}{\hat{K}(\lambda) - 1}, \quad \Re \lambda \geq 0$$

を意味しているが，(B.2.2) より $R(t) = g(t)$ を得る．そこで (B.1.7) が示された．□

---

[3] たとえば Loomis [141] (p.78, 24D) を参照．

B.3 非線形摂動の 1 つのクラス

ここで以下のような摂動された方程式 (B.3.1) を考えよう：

$$u(t) = \int_0^t K(t-s)u(s)ds + \mathcal{P}[u(\cdot), c(\cdot)](t) \tag{B.3.1}$$

ここで核 $K(\cdot)$ は仮定 (B.1.2) を満たすと仮定し，非線形項

$$\mathcal{P} : C_0([0,\infty); \mathbb{R}^n) \times L^1([a,b]; \mathbb{R}^m) \to C_0([0,\infty); \mathbb{R}^n)$$

は以下の条件を満たすとする：

$$\mathcal{P}[0,0] = 0 \tag{B.3.2}$$

関数 $L(x), x \in \mathbb{R}_+$ が存在して，$\lim_{x \to 0} L(x) = 0$ でありかつ $|u|_\infty, |\bar{u}|_\infty, |c|_{L^1} \leq \eta$ について

$$|\mathcal{P}[u(\cdot), c(\cdot)] - \mathcal{P}[\bar{u}(\cdot), c(\cdot)]|_\infty \leq L(\eta)|u - \bar{u}|_\infty \tag{B.3.3}$$

定数 $\mathcal{K} > 0$ が存在して，$|\mathcal{P}[0, c(\cdot)]|_\infty \leq \mathcal{K}|c|_{L^1}, \quad \forall c \in L^1([a,b]; \mathbb{R}^m)$ (B.3.4)
方程式 (B.3.1) において $c \in L^1([a,b]; \mathbb{R}^m)$ は初期データとして作用していて，与えられたものと仮定する[4]．

$R(\cdot)$ を $K(\cdot)$ に対するレゾルベント核とし，(B.3.1) を以下のごとく変換する：

$$u(t) = \mathcal{P}[u(\cdot), c(\cdot)](t) - \int_0^t R(t-s)\mathcal{P}[u(\cdot), c(\cdot)](s)ds \tag{B.3.5}$$

以下の結果はペーリー–ウィーナーの定理の条件 (B.2.1) に強く関連している．

定理 B.3.1 $K(\cdot)$ と $\mathcal{P}$ は仮定 (B.1.2), (B.3.2)–(B.3.4) を満たし，(B.1.7) が成り立っているとする．このとき任意の $\epsilon > 0$ について $\delta > 0$ が存在して，任意の $|c|_{L^1} \leq \delta$ となる $c \in L^1([a,b]; \mathbb{R}^m)$ に関して，方程式 (B.3.1) は唯一の解 $u \in C_0([0,\infty); \mathbb{R}^n)$ をもち，$|u|_\infty \leq \epsilon$ となる．

---

[4] 第 4 章の線形化方程式 (4.2.6) においては，c は初期条件の摂動に相当している．したがって，定理 B.3.1 は，非線形ヴォルテラ積分方程式の線形化安定性原理における安定性の部分を示している．不安定性の部分に関しては，基本モデルを発展方程式として定式化したうえで，関数解析的な考察が必要となる．たとえば Webb [202] (Theorem 4.13), Desch and Schappacher [49] を参照．

証明 $\epsilon > 0$ をとる.このとき $R(\cdot) \in L^1([0,\infty); \mathcal{L}(\mathbb{R}^n))$ であったから,$\eta < \epsilon$ を

$$L(\eta) < \frac{1}{2(1+\mathcal{K})(1+\|R\|_{L^1})}$$

となるようにとって $\delta = L(\eta)\eta$ とおく.集合 $\mathcal{H}$ を

$$\mathcal{H} \equiv \{u \in C_0([0,\infty); \mathbb{R}^n); |u|_\infty \leq \eta\}$$

と定義し,任意の $|c|_{L^1} \leq \delta$ となる $c \in L^1([a,b]; \mathbb{R}^m)$ をひとつ固定する.写像 $\mathcal{F}$ を

$$(\mathcal{F}u)(t) = \mathcal{P}[u(\cdot), c(\cdot)](t) - \int_0^t R(t-s)\mathcal{P}[u(\cdot), c(\cdot)](s)ds, \quad \forall u \in \mathcal{H} \quad \text{(B.3.6)}$$

と定義すれば,任意の $u \in \mathcal{H}$ に対して,

$$|(\mathcal{F}u)|_\infty \leq (1+\|R\|_{L^1})(L(\eta)|u|_\infty + \mathcal{K}|c|_{L^1}) \leq (1+\|R\|_{L^1})(1+\mathcal{K})L(\eta)\eta < \eta$$

となり,$u, \bar{u} \in \mathcal{H}$ について

$$|(\mathcal{F}u) - (\mathcal{F}\bar{u})|_\infty \leq (1+\|R\|_{L^1})L(\eta)|u-\bar{u}|_\infty < \frac{1}{2}|u-\bar{u}|_\infty$$

を得る.それゆえ $\mathcal{F}$ は $\mathcal{F}(\mathcal{H}) \subset \mathcal{H}$ となる縮小写像であり,唯一の不動点を $\mathcal{H}$ のなかにもつ.これで定理は証明された.□

演習問題の略解

演習 1.1–1.4 ロトカ–マッケンドリックシステム (1.2.5) の解として，変数分離形 $p(t,a) = w(t)u(a)$ のものを探してみよう．このとき，

$$w'(t)u(a) + w(t)u'(a) = -\mu(a)w(t)u(a)$$

であり，両辺を $w(t)u(a)$ で割れば，

$$\frac{w'(t)}{w(t)} = \frac{1}{u(a)}\left(-\frac{d}{da} - \mu(a)\right)u(a)$$

右辺は年齢だけの関数，左辺は時間だけの関数だから，両者は定数でなければならない．それを λ（分離定数）とすれば，

$$w'(t) = \lambda w(t), \quad \left(-\frac{d}{da} - \mu(a)\right)u(a) = \lambda u(a)$$

となる．これを解いて，

$$w(t) = e^{\lambda t}w(0), \quad u(a) = e^{-\lambda a}\Pi(a)u(0)$$

これを境界条件に代入すれば，

$$u(0) = \int_0^{a_\dagger} \beta(a)u(a)da = u(0)\int_0^{a_\dagger} e^{-\lambda a}\beta(a)\Pi(a)da$$

となるから，λ がロトカの特性方程式の根であれば，対応する指数関数解 $e^{\lambda t}u(a)$ が存在する．いま $X := L^1(0,\omega)$ 上の微分作用素 A（人口作用素）を

$$(A\phi)(a) := \left(-\frac{d}{da} - \mu(a)\right)\phi(a), \quad \phi \in D(A)$$

その定義域を

$$D(A) = \left\{\phi \in L^1 : \phi\text{は絶対連続で}, \phi(0) = \int_0^{a_\dagger} \beta(a)\phi(a)da\right\}$$

とすれば，ロトカの特性根 λ_i $(i = 1, 2, ...)$（ただし，$\lambda_0 = \alpha^*$ としておく）と $u_i(a) := e^{-\lambda_i a}\ell(a)$ が人口作用素の固有値と固有関数になっている．そこで，共役作用素 A^* を考えると，それは L^∞ 上の線形作用素で以下を満たすものである：

$$\langle v, Au\rangle = \langle A^*v, u\rangle, \quad v \in L^\infty,\ u \in L^1$$

ここで $\langle f, g\rangle := \int_0^{a_\dagger} f(a)g(a)da$ である．形式的な計算で，

$$(A^*v)(a) = \frac{dv(a)}{da} - \mu(a)v(a) + \beta(a)v(0), \quad v(a_\dagger) = 0$$

であることがわかる．その共役固有値問題 $A^*v = \lambda v$ を考えると，ロトカの特性根 λ_j が固有値であり，対応する固有関数が，

$$v_j(a) = v_j(0)\int_a^{a_\dagger} e^{-\lambda_j(s-a)}\frac{\ell(s)}{\ell(a)}\beta(s)ds$$

で与えられることがわかる．すなわち，内的増加率 λ_0 に対応する共役固有関数が繁殖価である．そこで，固有関数 u_j と共役固有関数 v_j の間に，

$$\langle v_j, u_i\rangle = \begin{cases} 0, & i \neq j \\ \int_0^{a_\dagger} ae^{-\lambda_i a}\beta(a)\Pi(a)da, & i = j \end{cases}$$

という関係が成り立つことは，代入して計算すればすぐにわかる．また上記の定義から，

$$\langle A^*v_j, u_i\rangle = \lambda_j\langle v_j, u_i\rangle = \langle v_j, Au_i\rangle = \lambda_i\langle v_j, u_i\rangle$$

であるから，$i \neq j$ であれば，$\langle v_j, u_i\rangle = 0$ となる．$i = j$ であれば，

$$\begin{aligned}\langle v_i, u_i\rangle &= \int_0^{a_\dagger} e^{-\lambda_i a}\int_a^{a_\dagger} e^{-\lambda_i(s-a)}\Pi(s)\beta(s)dsda \\ &= \int_0^{a_\dagger} da\int_a^{a_\dagger} e^{-\lambda_i s}\Pi(s)\beta(s)ds \\ &= \int_0^{a_\dagger} ds\int_0^s da e^{-\lambda_i s}\Pi(s)\beta(s) = \int_0^{a_\dagger} se^{-\lambda_i s}\Pi(s)\beta(s)ds\end{aligned}$$

また

$$\hat{F}(\alpha^*) = \int_0^\infty e^{-\alpha^* t}\int_t^\infty \beta(a)\frac{\Pi(a)}{\Pi(a-t)}p_0(a-t)dadt = \langle v_0, p_0\rangle$$

であるから，演習 1.4 における b_0 の表現を得る．$b_0 \neq 0$ という条件は初期人口の総繁殖価がゼロではないということに他ならない．

演習 2.1，演習 4.1 省略．

演習 4.2 イースタリンモデルについての詳細は稲葉 [113] を参照されたい．$\gamma < 1$ であれば，問題の特性方程式はロトカの特性方程式と同じであり，その基本再生産数は

$$\mathcal{R} = (1-\gamma)\int_0^\infty K_0(a)da = 1-\gamma$$

であるから，$\gamma < 0$ であれば正の特性根が存在し，$0 < \gamma < 1$ であれば，すべての特性根の実部は負である．$\gamma = 0$ であれば，臨界的なケースであるから線形化だけでは判定できない．$\gamma > 1$ であるとき，もし特性根 λ が正の実部をもてば，

$$1 = \left|(1-\gamma)\int_0^\infty e^{-\lambda a}K_0(a)da\right| \leq (\gamma-1)\int_0^\infty e^{-\Re\lambda a}K_0(a)da \leq \gamma - 1$$

となるが，これより $\gamma \geq 2$ を得る．したがって，$1 < \gamma < 2$ であれば，特性根の実部はすべて負である．最後に

$$\int_0^\infty K_0(a)\cos(ya)da \geq 0$$

と仮定しよう．γ^* を以下のように定義する．

$$\gamma^* := \sup\{\delta | \gamma \in (1,\delta]\text{ であれば，すべての特性根の実部が負となる }\}$$

上記の考察から $\gamma^* \geq 2$ である．もし $\gamma^* < \infty$ であれば，$\gamma = \gamma^*$ において，純虚数の特性根が存在する．それを iy としよう．このとき特性方程式の実部から，

$$(1-\gamma^*)\int_0^\infty K_0(a)\cos(ya)da = 1$$

となるが，これは $1-\gamma^* \leq -1$ であるから，仮定に反する．したがって，$\gamma^* = \infty$ であり，すべての特性根の実部は負となる．

演習 5.1 省略．

演習 6.1 $\gamma = 0$ の場合，$P = S + I$ であるから，(6.0.1) は以下のような I に関する単独方程式になる：

$$\frac{dI(t)}{dt} = kI(P-I) - \delta I = (kP-\delta)I - kI^2$$

これはベルヌーイ型方程式であり，とくに $kP - \delta > 1$ のときはロジスティック方程式である．したがって $1/I(t)$ を新変数に選べば，線形方程式に変換できて，すぐに解析解が求まる：

$$I(t) = \frac{I(0)e^{\lambda_0 t}}{1 + (k/\lambda_0)(e^{\lambda_0 t} - 1)}$$

ここで，$\lambda_0 = kP - \delta$ はマルサスパラメータであり，kP/δ が基本再生産数になる．

$\delta = 0$ の場合は古典的なケルマック–マッケンドリックモデルであり，その解析については多数のテキストに示されている（[113], [121] を参照）．このとき，明らかに (6.0.1) のダイナミクスは (S, I) の 2 次元システムによって完全に決定される．相平面 (S, I) の第 1 象限 $\Omega = \{(S, I) : S \geq 0, \ I \geq 0\}$ 内の点を初期条件とする解軌道は $-\infty < t < \infty$ で存在して，Ω 内にとどまる．S 軸上の点はすべて平衡点である．$S(t)$ は単調減少で，非負であるから，非負の極限 $\lim_{t \to \infty} S(t) = S(\infty)$ が存在する．一方，$I(t)$ も $S < S_{\mathrm{cr}} = \gamma/k$ という領域では単調減少で，非負の極限が存在するが，そのような極限は平衡点でなければならないから，$\lim_{t \to \infty} I(t) = 0$ である．一方，時間を反転させて考えれば $t \to -\infty$ においてやはり解は平衡点（S 軸）に近づいていく．すなわち $-\infty < t < \infty$ での解軌道は横軸上の 2 つの平衡点を結ぶような軌道になっている．(6.0.1) から

$$\frac{dI}{dS} = -1 + \frac{S_{\mathrm{cr}}}{S}$$

を得る．したがって (S, I) システムは以下のような積分をもつ：

$$I(t) = I(0) + S(0) - S(t) + S_{\mathrm{cr}} \log \frac{S(t)}{S(0)}$$

S の関数として I は $S = S_{\mathrm{cr}} = \gamma/k$ において最大値

$$I_{\max} := \max_{0 \leq t < \infty} I(t) = S(0) + I(0) - S_{\mathrm{cr}} + S_{\mathrm{cr}} \log \frac{S_{\mathrm{cr}}}{S(0)}$$

をもつが，$S(t) + I(t)$ は単調減少であるから，$t \geq 0$ における軌道は領域 $\Omega_+ = \{(S, I) : S \geq 0, \ I \geq 0, S(t) + I(t) \leq S(0) + I(0)\}$ に含まれている．$(S_{\mathrm{cr}}, I_{\max}) \in \Omega_+$ となるのは，$S_{\mathrm{cr}} < S(0)$ となる場合であり，このとき感染者は初期の規模 $I(0)$ より増大して，1 回のピークをもつ流行が起こるが，$S_{\mathrm{cr}} \geq S(0)$ であれば感染人口は初期の規模から単調減少するだけであり，流行は起こらない．また $t \to \infty$ において

$$S(\infty) = S(0) + I(0) + S_{\mathrm{cr}} \log \frac{S(\infty)}{S(0)}$$

したがって

$$S(\infty) = S(0) \exp\left(-\frac{S(0) + I(0) - S(\infty)}{S_{\mathrm{cr}}}\right)$$

を得る．この式を未知数 $S(\infty)$ の方程式として見れば，$S(\infty)$ は正の根になっていて，初期条件 $(S(0), I(0))$ で始まった流行において最終的に罹患しなかった感受性

人口サイズを表している．$S(\infty) > 0$ であるから，ここで考えている感染症の流行は感染者人口の消滅によって終息するのであって感受性人口の消滅によってではないことがわかる．ここでさらに

$$p(t) := \frac{S(0) - S(t)}{S(0)} = 1 - \frac{S(t)}{S(0)}$$

とおけば，指数 $p(\infty) = \lim_{t\to\infty} p(t)$ はこの流行において初期の感受性人口 $S(0)$ から感染によって除去される人口の割合（最終規模または流行の強度）を示す．これを用いれば，$p(\infty)$ は以下の方程式の正根として与えられるべきことがわかる：

$$1 - p = e^{-\mathcal{R}_e p - \zeta}$$

ここで $\zeta := kI(0)/\gamma$ は初期の感染人口がもつ感染力の全感染期間における総和 (total infectivity) であり，$\mathcal{R}_e := kS(0)/\gamma$ が**実効再生産数**[1]である．実際の流行は，初期の感受性人口サイズに比べて非常に少数の感染者からスタートすると考えられるから，$\zeta \to 0$ とした極限的ケースは現実的である．その場合，以下の最終規模方程式が得られる：

$$1 - p = e^{-\mathcal{R}_0 p}$$

ここで，$\mathcal{R}_0 := kP/\gamma$ が基本再生産数である．この方程式は $\mathcal{R}_0 > 1$ のときに限って正根を1つだけもち，それが $\zeta \to \infty$ における初期データに無関係な流行強度 $p(\infty)$ を与える．そこで，もし流行を生き延びた感受性人口の割合 $1 - p(\infty)$ が測定できれば，最終規模方程式から

$$\mathcal{R}_0 = -\frac{\log(1 - p(\infty))}{p(\infty)}$$

として基本再生産数が推定できる．

演習 6.2 定常状態での感染力を $\lambda^*(a)$ とすれば，定常解は以下のように表現される：

$$s^*(a) = p_\infty(a) e^{-\int_0^a \lambda^*(\sigma)d\sigma}$$
$$i^*(a) = \int_0^a e^{-\int_\sigma^a \lambda^*(\sigma)d\sigma} \lambda^*(\sigma) s^*(\sigma) d\sigma$$
$$= \int_0^a e^{-\int_\sigma^a (\mu(\xi)+\gamma(\xi))d\xi} \lambda^*(\sigma) p_\infty(\sigma) e^{-\int_0^\sigma \lambda^*(z)dz} d\sigma$$

---

[1] effective reproduction number. 必ずしも完全な感受性集団ではないホスト個体群に発生した感染者集団の再生産数．

感染力の定義式に代入すれば，

$$\lambda^*(a) = K_1(a) \int_0^{a_\dagger} K_2(\sigma) i^*(\sigma) d\sigma$$
$$= K_1(a) \int_0^{a_\dagger} K_2(\sigma) \int_0^\sigma e^{-\int_\eta^\sigma (\mu(\xi)+\gamma(\xi))d\xi} \lambda^*(\eta) p_\infty(\eta) e^{-\int_0^\eta \lambda^*(z)dz} d\eta d\sigma$$

上式から，正の定常解に対応する感染力は，正の定数 c が存在して，$\lambda^*(a) = cK_1(a)$ と書けることがわかる．これを上式に代入して，$c \neq 0$ で割れば，c に関する方程式を得る：

$$\int_0^{a_\dagger} K_2(\sigma) \int_0^\sigma e^{-\int_\eta^\sigma (\mu(\xi)+\gamma(\xi))d\xi} K_1(\eta) p_\infty(\eta) e^{-c\int_0^\eta K_1(z)dz} d\eta d\sigma = 1$$

この式の左辺は $c \geq 0$ の単調減少関数であり，条件

$$\int_0^{a_\dagger} K_2(\sigma) \int_0^\sigma e^{-\int_\eta^\sigma (\mu(\xi)+\gamma(\xi))d\xi} K_1(\eta) p_\infty(\eta) d\eta d\sigma > 1$$

のもとで，ただ 1 つの正の根をもつが，それに対応してただ 1 つの正の定常解が得られる．この不等式の左辺は S-I-R モデルの基本再生産数に他ならない．

演習 6.3，演習 7.1，演習 7.2 省略．

演習 7.3 モデル (7.5.1) は感染経験者のいない自明な定常状態 $(S, i, R) = (P, 0, 0)$，$P = \Lambda/\mu$ をもつから，そこで線形化をおこなうと，初期の感染人口密度 $y(\theta, t)$ は以下を満たす：

$$\frac{\partial y(\theta, t)}{\partial t} + \frac{\partial y(\theta, t)}{\partial \theta} = -(\mu + \gamma(\theta))y(\theta, t)$$
$$y(0, t) = C(P) \int_0^{\theta_\dagger} \varphi(\theta) y(\theta, t) d\theta$$

これを積分すれば，

$$y(\theta, t) = \begin{cases} e^{-\mu\theta} B(\theta) v(t-\theta), & t - \theta > 0 \\ e^{-\mu t} \frac{B(\theta)}{B(\theta-t)} y_0(\theta - t), & \theta - t > 0 \end{cases}$$

を得る．ここで $y_0(\theta) = y(\theta, t)$，$v(t) := y(0, t)$ である．この表現を境界条件式に代入すれば，以下の積分方程式を得る：

$$v(t) = g(t) + \int_0^t \Psi(\theta) v(t-\theta) d\theta$$

ここで，

$$\Psi(\tau) := C(P)e^{-\mu\theta}\varphi(\theta)B(\theta), \quad g(t) := C(P)\int_0^\infty e^{-\mu t}\varphi(\theta+t)\frac{B(\theta+t)}{B(\theta)}y_0(\theta)d\theta$$

これはロトカの積分方程式と同じである．したがって，初期の感染人口の基本再生産数は

$$\mathcal{R}_0 = \int_0^\infty \Psi(\tau)d\tau$$

となる．すなわち，感染人口の初期ダイナミクスは安定人口モデルで記述される．このことは，たとえば流行初期において観測されるエイズ発症者のデータから，観測されない感染人口規模を推定する手法 (Back-calculation) の基礎にある考えである．

演習 B.1 省略．

参考文献

[1] R. Anderson and R. May (1983), Vaccination against rubella and measles: quantitative investigations of different policies, *J. Hyg. Camb.* **90**, 259–325.

[2] R. Anderson and R. May (1985), Age-related changes in the rate of disease transmission: implication for the designing of vaccination programs, *J. Hyg. Camb.* **94**, 365–436.

[3] V. Andreasen (1993), The effect of age-dependent host mortality on the dynamics of an endemic disease, *Math. Biosci.* **114**, 29–58.

[4] V. Andreasen (1995), Instability in an SIR-model with age-dependent susceptibility, In *Mathematical Population Dynamics*, vol.1, *Theory of Epidemics*, O. Arino, D. Axelrod, M. Kimmel and M. Langlais (eds.), Wuerz Publ., Winnipeg, pp.3–14.

[5] R. M. Anderson and R. M. May (1991), *Infectious Diseases of Humans: Dynamics and Control*, Oxford University Press, Oxford.

[6] S. Anita, M. Iannelli, M. -Y. Kim and E. -J. Park (1998), Optimal harvesting for periodic age-dependent population dynamics, *SIAM J. Appl. Math.* **58**(5), 1648–1666.

[7] S. Anita (2000), *Analysis and Control of Age-Dependent Population Dynamics*, Kluwer, Dordrecht.

[8] N. Bacaër (2003), The asymptotic behavior of the McKendrick equation with immigration, *Math. Popul. Studies* **10**, 1–20.

[9] N. Bacaër and S. Guernaoui (2006), The epidemic threshold of vectir-borne diseases with seasonality, *J. Math. Biol.* **53**, 421–436.

[10] N. Bacaër (2011), *A Short History of Mathematical Population Dynamics*, Springer, London.

[11] P. Bacchetti and A. R. Moss (1989), Incubation period of AIDS in San Francisco, *Nature* **338**, 251–253.

[12] N. T. J. Bailey (1975). *The Mathematical Theory of Infectious Diseases and its Applications*, 2nd ed., Charles Griffin, London.

[13] Bernoulli, D. (1760), Essai d'une nouvelle analyse de la mortalite causee par la petite verole et des avantages de l'incubation pout la prevenir, *Mem. Math. Phys. Acad. R. Sci. Paris*, 1–45.

[14] S. Bertoni (1998), Periodic solutions for non-linear equations of structured populations, *J. Math. Anal. Appl.* **220**, 250–267.

[15] G. Birkhoff (1967), *Lattice Theory*, 3rd ed., American Mathematical Society, Providence, R.I.

[16] S. P. Blythe and R. M. Anderson (1988), Variable infectiousness in HIV transmission models, *IMA J. Math. Appl. Med. Biol.* **5**, 181–200.

[17] F. Brauer, P. van den Driessche and J. Wu (eds.) (2008), *Mathematical Epidemiology*, Mathematical Biosciences Subseries, Lecture Notes in Mathematics 1945, Springer-Verlag, Berlin.

[18] F. Brauer and C. Castillo-Chavez (2013), *Mathematical Models for Communicable Diseases*, CBMS-NSF Regional Conference Series in Applied Mathematics 84, Society for Industrial and Applied Mathematics, Philadelphia.

[19] D. Breda, O. Diekmann, W. F. de Graaf, A. Pugliese and R. Vermiglio (2012), On the formulation of epidemic models (an appraisal of Kermack and McKendrick), *J. Biol. Dyn.* **6**, Suppl. 2, 103–117.

[20] R. Brookmeyer and M. H. Gail (1994), *AIDS Epidemiology: A Quantitative Approach*, Oxford University Press, New York, Oxford.

[21] S. Busenberg and K. Cooke (1993), *Vertically Transmitted Diseases: Models and Dynamics*, Biomathematics 23, Springer, Berlin.

[22] S. Busenberg, K. Cooke and M. Iannelli (1988), Endemic threshold and stability in a class of age-structured epidemic, *SIAM J. Appl. Math.* **48**, 1379–1395.

[23] S. Busenberg, K. Cooke and M. Iannelli (1989), Stability and thresholds in some age-structured epidemics, Lecture Notes in Biomathematics 81, C. Castillo-Chavez, S. Levin and C. Shoemaker (eds.), Springer-Verlag, Berlin-Heidelberg-New York, pp.124–141.

[24] S. Busenberg and M. Iannelli (1983), A class of nonlinear diffusion problems in age-dependent population dynamics, *J. Nonlinear Analysis T. M. A.* **7**(5), 501–529.

[25] S. Busenberg and M. Iannelli (1985), Separable models in age-dependent population dynamics, *J. Math. Biol.* **22**, 145–173.

[26] S. Busenberg, M. Iannelli and H. Thieme (1991), Global behaviour of an age-structured S-I-S epidemic model, *SIAM J. Math. Anal.* **22**, 1065–1080.

[27] S. Busenberg, M. Iannelli and H. Thieme (1993), Dynamics of an age-structured epidemic model, In *Dynamical Systems*, Nankai Series in Pure, Applied Mathematics and Theoretical Physics, vol. 4, L. Shan-Tao, Y. Yan-Qian and D. Tong-Ren (eds.), World Scientific, Sigapore, pp.1–19.

[28] H. Caswell (2001), *Matrix Population Models*, 2nd ed., Sinauer, Sunderland.

[29] Y. Cha, M. Iannelli and F. A. Milner (1997), Are multiple endemic equilibria possible ?, In *Advances in Mathematical Population Dynamics -Molecules, Cells and Man*, O. Arino, D. Axelrod and M. Kimmel (eds.), World Scientific, Singapore, pp.779–788.

[30] Y. Cha, M. Iannelli and F. A. Milner (1998), Existence and uniqueness of endemic states for the age-structured S-I-R epidemic model, *Math. Biosci.* **150**, 177–190.

[31] Y. Cha, M. Iannelli and F. A. Milner (2000), Stability change of an epidemic model, *Dynamic Systems and Applications* **9**, 361–376.

[32] B. Charlesworth (1994), *Evolution in Age-Structured Populations*, 2nd ed., Cambridge University Press, Cambridge.

[33] C. Castillo-Chavez, K. Cooke, W. Huang and S. A. Levin (1989), On the role of long incubation periods in the dynamics of acquired immunodeficiency syndrome (AIDS). 1. Single population models, *J. Math. Biol.* **27**, 373–398.

[34] M. Chipot (1983), On the equations of age-dependent population dynamics, *Arch. Rat. Mech. Anal.* **82**, 13–26.

[35] A. Chipot, M. Iannelli and A. Pugliese (1992), *Age Structured S-I-R Epidemic Model with Intra-cohort Transmission*, U.T.M. 407, Dipartimento di matematica, Univ. degli studi di Trento, November 1992.

[36] Ph. Clément, O. Diekmann, M. Gyllenberg, H. J. A. M. Heijmans and H. R. Thieme (1987), Perturbation theory for dual semigroups I. The sun-reflexive case, *Math. Ann.* **277**, 709–725.

[37] Ph. Clément, O. Diekmann, M. Gyllenberg, H. J. A. M. Heijmans and H. R. Thieme (1988), Perturbation theory for dual semigroups II. Time-dependent perturbations in sun-reflexive case, *Proc. Royal Soc. Edinburgh* 109A, 145–172.

[38] Ph. Clément, O. Diekmann, M. Gyllenberg, H. J. A. M. Heijmans and H. R. Thieme (1989), Perturbation theory for dual semigroups III. Nonlinear Lipschitz continuous perturbations in the sun-reflexive, In *Volterra Integrodifferential Equations in Banach Spaces and Applications*, G. Da Prato and M. Iannelli (eds.), Pitman Research Notes in Mathematics Series 190, Longman, Harlow, pp.67–89.

[39] A. J. Coale (1972), *The Growth and Structure of Human Populations*, Princeton University Press, Princeton.

[40] J. E. Cohen (1979), Ergodic theorems in demography, *Bull. Amer. Math. Soc.* **1**(2), 275–295.

[41] J. Cushing (1980), Model stability and instability in age structured population dynamics, *J. theor. Biol.* **86**, 709–730.

[42] J. M. Cushing (1981), Stability and maturation periods in age structured populations, In *Differential Equations and Applications in Ecology, Epidemics, and Population Problems,* S. N. Busenberg and K. L. Cooke (eds.), Academic Press, New York, pp.163–182.

[43] J. M. Cushing (1983), Bifurcation of time periodic solutions of the McKendrick equations with applications to population dynamics, *Comp. & Maths. with Appl.* **9**, 459–478.

[44] J. M. Cushing (1984), Existence and stability of equilibria in age-structured population dynamics, *J. Math. Biol.* **20**, 259–276.

[45] J. M. Cushing (1985), Global branches of equilibrium solutions of the McKendrick equations for age-structured population growth, *Comp. & Math. with Appl.* **11**, 459–478.

[46] J. M. Cushing (1998), *An Introduction to Structured Population Dynamics*, CBMS-NSF Regional Conference Series in Applied Mathematics 71, SIAM, Philadelphia.

[47] J. M. Cushing and M. Saleem (1982), A predator-prey model with age structure, *J. Math. Biol.* **14**, 231–251.

[48] A. M. de Roos (1988), Numerical methods for structured population models: the escalator boxcar train, *Numer. Methods for Partial Differential Equations* **4**, 173–195.

[49] W. Desch and W. Schappacher (1986), Linearized stability for nonlinear semigroups, In *Differential Equations in Banach Spaces*, A. Favini and E. Obrecht (eds.), LNM 1223, Springer-Verlag, Berlin, pp.61–73.

[50] G. Di Blasio, M. Iannelli and E. Sinestrari (1982), Approach to equilibrium in age structured populations with increasing recruitment process, *J. Math. Biol.* **13**, 371–382.

[51] O. Diekmann (1977), Limiting behaviour in an epidemic model, *J. Nonlinear Analysis T. M. A.* **1**, 459–470.

[52] O. Diekmann (1978), Thresholds and travelling waves for the geographical spread of infection, *J. Math. Biol.* **6**, 109–130.

[53] O. Diekmann and R. Montijn (1982), Prelude to Hopf bifurcation in an epidemic model: Analysis of a characteristic equation associated with a nonlinear Volterra integral equation, *J. Math. Biol.* **14**, 117–127.

[54] O. Diekmann and S. A. van Gils (1984), Invariant manifolds for Volterra integral equations of convolution type, *J. Diff. Equ.* **54**, 139–180.

[55] O. Diekmann, R. M. Nisbet, W. S. C. Gurney and F. van den Bosch (1986), Simple mathematical models for cannibalism: A critique and a new approach, *Math. Biosci.* **78**, 21–46.

[56] O. Diekmann, J. A. P. Heesterbeek and J. A. J. Metz (1990), On the definition and the computation of the basic reproduction ratio R_0 in models for infectious diseases in heterogeneous populations, *J. Math. Biol.* **28**, 365–382.

[57] O. Diekmann, M. Gyllenberg, J. A. J. Metz and H. R. Thieme (1998), On the formulation and analysis of general deterministic structured population models I. Linear Theory, *J. Math. Biol.* **36**, 349–388.

[58] O. Diekmann, M. Gyllenberg and H. R. Thieme (2000), Lack of uniqueness in transport equations with a nonlocal nonlinearity, *Mathematical Models and Methods in Applied Sciences* **10**, 581–591.

[59] O. Diekmann, M. Gyllenberg, J. A. J. Metz and H. R. Thieme (2001), On the formulation and analysis of general deterministic structured population models II. Nonlinear Theory, *J. Math. Biol.* **43**, 157–189.

[60] O. Diekmann, J. A. P. Heesterbeek and T. Britton (2013), *Mathematical Tools for Understanding Infectious Disease Dynamics*, Princeton University Press, Princeton and Oxford.

[61] K. Dietz and D. Schenzle (1985), Proportionate mixing models for age-dependent infection transmission, *J. Math. Biol.* **22**, 117–120.

[62] G. Doetsch (1974), *Introduction to the Theory and Application of the Laplace Transformation*, Springer, Berlin.

[63] Jr. J. Douglas and F. A. Milner (1987), Numerical methods for a model of population dynamics, *Calcolo* **24**, 247–254.

[64] L. Euler (1760), Recherches générales sur la mortalité et la multiplication du genre humaine, *Histoire de l'Academie Royale des Sciences et Belles Lettres* **16**, 144–164. [A general investigation into the mortality and multiplication of the human species, translated by N. and B. Keyfitz, *Theoretical Population Biology* **1**, 307–314.]

[65] W. Feller (1941), On the integral equation of renewal theory, *Ann. Math. Stat.* **12**, 243–267.

[66] R. A. Fisher (1999), *The Genetical Theory of Natural Selection: A Complete Variorum Edition*, J. H. Bennett (ed.), Oxford University Press, Oxford.

[67] A. Franceschetti and A. Pugliese (2008), Threshold behaviour of a SIR epidemic model with age structure and immigration, *J. Math. Biol.* **57**(1), 1–27.

[68] A. Franceschetti, A. Pugliese and D. Breda (2012), Multiple endemic states age-structured SIR epidemic models, *Math. Biosci. Eng.* **9**(3), 577–599.

[69] J. C. Frauenthal (1983), Some simple models of cannibalism, *Math. Biosci.* **63**, 87–98.

[70] D. Greenhalgh (1987), Analytical results on the stability of age-structured recurrent epidemic models, *IMA J. Math. Appl. Med. Biol.* **4**, 109–144.

[71] D. Greenhalgh (1988), Threshold and stability results for an epidemic model with an age-structured meeting rate, *IMA J. Math. Appl. Med. Biol.* **5**, 81–100.

[72] G. Gripenberg, S-O. Londen and O. Staffans (1990), *Volterra Integral and Functional Equations*, Cambridge University Press, Cambridge.

[73] W. S. C. Gurney and R. M. Nisbet (1980), Age and density-dependent population dynamics in static and variable environments, *Theor. Pop. Biol.* **17**, 321–344.

[74] W. S. C. Gurney and R. M. Nisbet (1983), The systematic formulation of delay-differential models of age or size structured populations, In *Population Biology*, H. I. Freedman and E. Strobeck (eds.), Lect. Notes in Biomath. 52, Springer, pp.163–172.

[75] M. E. Gurtin (1973), A system of equations for age-dependent population diffusion, *J. theor. Biol.* **40**, 389–392.

[76] M. E. Gurtin and D. S. Levine (1979), On predator-prey interaction with predation dependent on age of prey, *Math. Biosci.* **47**, 207–219.

[77] M. E. Gurtin and R. C. MacCamy (1974), Non-linear age-dependent population dynamics, *Arc. Rat. Mech. Anal.* **54**, 281–300.

[78] M. E. Gurtin and R. C. MacCamy (1977), On the diffusion of biological populations, *Math. Biosci.* **33**, 35–49.

[79] M. E. Gurtin and R. C. MacCamy (1979a), Some simple models for nonlinear age-dependent population dynamics, *Math. Biosci.* **43**, 199–211.

[80] M. E. Gurtin and R. C. MacCamy (1979b), Population dynamics with age dependence, In *Nonlinear Analysis and Mechanics: Heriot-Watt Symposium*, Vol. III, R. J. Knops (ed.), Pitman, London, pp.1–35.

[81] M. E. Gurtin and R. C. MacCamy (1981), Diffusion models for age structured populations, *Math. Biosci.* **54**, 49–59.

[82] M. E. Gurtin and R. C. MacCamy (1982), Product solutions and asymptotic behavior for age dependent, dispersing populations, *Math. Biosci.* **62**, 157–167.

[83] M. Gyllenberg (1982), Nonlinear age-dependent population dynamics in continuously propagated bacterial cultures, *Math. Biosci.* **62**, 45–74.

[84] M. Gyllenberg (1983), Stability of a nonlinear age-dependent population model containing a control variable, *SIAM J. Appl. Math.* **43**, 1418–1438.

[85] M. Gyllenberg and G. F. Webb (1992), Asynchronous exponential growth of semigroups of nonlinear operators, *J. Math. Anal. Appl.* **167**, 443–467.

[86] K. P. Hadeler, R. Waldstätter and A. Wörz-Busekros (1988), Models for pair formation in bisexual populations, *J. Math. Biol.* **26**, 635–649.

[87] K. P. Hadeler (1989), Pair formation in age-structured populations, *Acta. Applic. Math.* **14**, 91–102.

[88] J. B. S. Haldane (1927), A mathematical theory of natural and artificial selection. Part IV, *Proc. Camb. Phil. Soc.* **23**, 607–615.

[89] H. Heesterbeek (1992), R_0, PhD Thesis, Centrum voor Wiskunde en Informatica, Amsterdam.

[90] H. J. A. M. Heijmans (1986), The dynamical behaviour of the age-size-distribution of a cell population, In *The Dynamics of Physiologically Structured Populations*, J. A. J. Metz and O. Diekmann (eds.), Lect. Notes Biomath. 68, Springer-Verlag, Berlin, pp.185–202.

[91] H. W. Hethcote (1989), Three basic epidemiological models, In *Applied Mathematical Ecology*, S. A. Levin, T. Hallam and L.J. Gross (eds.), Springer-Verlag, Berlin, pp.119–144.

[92] H. W. Hethcote (2000), The mathematics of infectious diseases, *SIAM Review* **42**(4), 599–653.

[93] F. Hoppensteadt (1974), An age dependent epidemic model, *J. Franklin Inst.* **297**(5), 325–333.

[94] F. Hoppensteadt (1975), *Mathematical Theories of Populations: Demographics, Genetics and Epidemics*, Society for Industrial and Applied Mathematics, Philadelphia.

[95] M. Iannelli, F. A. Milner and A. Pugliese (1992a), Analytical and numerical results for the age structured SIS epidemic model with mixed inter-intra-cohort transmission, *SIAM J. Math. Anal.* **23**, 662–688.

[96] M. Iannelli, R. Loro, F. Milner, A. Pugliese and G. Rabbiolo (1992b), An AIDS model with distributed incubation and variable infectiousness: Applications to IV drug users in Latium, Italy, *Eur. J. Epidemiol.* **8**(4), 585–593.

[97] M. Iannelli (1995), *Mathematical Theory of Age-Structured Population Dynamics*, Giardini Editori e Stampatori in Pisa.

[98] M. Iannelli, R. Loro, F. A. Milner, A. Pugliese and G. Rabbiolo (1996), Numerical analysis of a model for the spread of HIV/AIDS, *SIAM J. Numer. Anal.* **33**(3), 864–882.

[99] M. Iannelli, F. A. Milner, A. Pugliese and M. Gonzo (1997), The HIV/AIDS epidemics among drug injectors: A study of contact structure through a mathematical model, *Math. Biosci.* **139**, 25–58.

[100] M. Iannelli, M. Y. Kim and E. J. Park (1999), Asymptotic behavior for an SIS epidemic model and its approximation, *Nonl. Anal.* **35**, 797–814.

[101] M. Iannelli and M. Martcheva (2003), Homogeneous dynamical systems and the age-structured SIR model with proportionate mixing incidence, In *Evolution Equations: Applications to Physics, Industry, Life Sciences and Economics* (Progress in Nonlinear Differential Equations and Their Applications, vol. 55), M. Iannelli and G. Lumer (eds.), Birkhäuser, Basel Boston Berlin, pp.227–251.

[102] M. Iannelli, M. Martcheva and F. A. Milner (2005), *Gender-Structured Population Modeling, Mathematical Methods, Numerics, and Simulation*, Society for Industrial and Applied Mathematics, Philadelphia.

[103] M. Iannelli and P. Manfredi (2007), Demographic changes and immigration in age-structured epidemic models, *Math. Popul. Studies* **14**(3), 169–191.

[104] M. Iannelli and J. Ripoll (2012), Two-sex age structured dynamics in a fixed sex-ratio population, *Nonlinear Analysis: Real World Applications* **13**, 2562–2577.

[105] J. Impagliazzo (1985), *Deterministic Aspects of Mathematical Demography*, Biomathematics 13, Berlin, Springer.

[106] H. Inaba (1988a), A semigroup approach to the strong ergodic theorem of the multistate stable population process, *Math. Popul. Studies* **1**(1), 49–77.

[107] H. Inaba (1988b), Asymptotic properties of the inhomogeneous Lotka-Von Foerster system, *Math. Popul. Studies* **1**(3), 247–264.

[108] H. Inaba (1989), Weak ergodicity of population evolution processes, *Math. Biosci.* **96**, 195–219.

[109] H. Inaba (1990), Threshold and stability results for an age-structured epidemic model, *J. Math. Biol.* **28**, 411–434.

[110] H. Inaba (1992), Strong ergodicity for perturbed dual semigroups and application to age-dependent population dynamics, *J. Math. Anal. Appl.* **165**(1), 102–132.

[111] H. Inaba (2000), Persistent age distributions for an age-structured two-sex population model, *Math. Popul. Studies* **7**(4), 365–398.

[112] H. Inaba (2001), Kermack and McKendrick revisited: The variable susceptibility model for infectious diseases, *Japan J. Indust. Appl. Math.* **18**(2), 273–292.

[113] 稲葉 寿 (2002), 『数理人口学』, 東京大学出版会, 東京.

[114] H. Inaba and H. Sekine (2004), A mathematical model for Chagas disease with infection-age-dependent infectivity, *Math. Biosci.* **190**, 39–69.

[115] H. Inaba (2006a), Mathematical analysis of an age-structured SIR epidemic model with vertical transmission, *Discrete and Continuous Dynamical Systems* Series B, **6**(1), pp.69–96.

[116] H. Inaba (2006b), Endemic threshold results in an age-duration-structured population model for HIV infection, *Math. Biosci.* **201**, 15–47.

[117] H. Inaba (2007a), Age-structured homogeneous epidemic systems with application to the MSEIR epidemic model, *J. Math. Biol.* **54**, 101–146.

[118] 稲葉 寿 (編著) (2007b), 『現代人口学の射程』, ミネルヴァ書房, 京都.

[119] H. Inaba and H. Nishiura (2008a), The basic reproduction number of an infectious disease in a stable population: The impact of population growth rate on the eradication threshold, *Mathematical Modelling of Natural Phenomena*, **3**(7), 194–228.

[120] H. Inaba and H. Nishiura (2008b), The state-reproduction number for a multistate class age structured epidemic system and its application to the asymptomatic transmission model, *Math. Biosci.* **216**, 77–89.

[121] 稲葉 寿（編著）(2008c),『感染症の数理モデル』, 培風館, 東京.

[122] H. Inaba (2012a), The Malthusian parameter and R_0 for heterogeneous populations in periodic environments, *Math. Biosci. Eng.* **9**(2), 313–346.

[123] H. Inaba (2012b), On a new perspective of the basic reproduction number in heterogeneous environments, *J. Math. Biol.* **65**, 309–348.

[124] H. Inaba (2013), On the definition and the computation of the type-reproduction number T for structured populations in heterogeneous environments, *J. Math. Biol.* **66**, 1065–1097.

[125] D. G. Kendall (1957), Discussion of "Measles periodicity and community size" by M. S. Bartlett, *J. Roy. Statist. Soc.* A**120**, 48–70.

[126] W. O. Kermack and A. G. McKendrick (1927), Contributions to the mathematical theory of epidemics I, *Proc. Royal Soc.* **115**A, 700–721. (reprinted in *Bull. Math. Biol.* **53**(1/2), 33–55, 1991.)

[127] W. O. Kermack and A. G. McKendrick (1932), Contributions to the mathematical theory of epidemics II. The problem of endemicity, *Proc. Royal Soc.* **138**A, 55–83. (reprinted in *Bull. Math. Biol.* **53**(1/2), 57–87, 1991.)

[128] W. O. Kermack and A. G. McKendrick (1933), Contributions to the mathematical theory of epidemics III. Further studies of the problem of endemicity, *Proc. Royal Soc.* **141**A, 94–122. (reprinted in *Bull. Math. Biol.* **53**(1/2), 89–118, 1991.)

[129] N. Keyfitz (1977), *Introduction to the Mathematics of Population with Revisions*, Addison-Wesley, Reading.

[130] N. Keyfitz and H. Caswell (2005), *Applied Mathematical Demography*, 3rd ed., Springer, New York.

[131] S. E. Kingsland (1995), *Modeling Nature*, 2nd ed., The University of Chicago Press, Chicago and London.

[132] T. Kuniya (2011), Global stability analysis with a discretization approach for an age-structured multigroup SIR epidemic model, *Nonlinear Analysis: Real World Applications* **12**, 2640–2655.

[133] T. Kuniya and H. Inaba (2013), Endemic threshold results for age-structured SIS epidemic model with periodic parameters, *J. Math. Anal. Appl.* **402**, 477–492.

[134] T. Kuniya and M. Iannelli (2014), R_0 and the global behavior of an age-structured SIS epidemic model with periodicity and vertical transmission, *Math. Biosci. Eng.* **11**, 929–945.

[135] 黒田成俊 (1980),『関数解析』, 共立出版, 東京.

[136] L. Lamberti and P. Vernole (1981), Existence and asymptotic behaviour of solutions of an age structured population model, *Bollettino U.M.I. Analisi Funzionale e Applicazioni* Series V, Vol.XVIII -C,N.1, 119–139.

[137] H. L. Langhaar (1972), General population theory in age-time continuum, *J. Franklin Inst.* **293**(3), 199–214.

[138] M. Langlais (1985), A nonlinear problem in age dependent population diffusion, *SIAM J. Math. Anal.* **16**, 510–529.

[139] M. Langlais (1986), Large time behavior in a nonlinear age-dependent population dynamics problem with spatial diffusion, *J. Math. Biol.* **26**(3), 319–346.

[140] H. A. Lauwerier (1984), *Mathematical Models of Epidemics*, 2nd printing, Mathematical Centre Tracts 138, Mathematisch Centrum, Amsterdam.

[141] L. H. Loomis (1953), *An Introduction to Abstract Harmonic Analysis*, D. Van Nostrand Company, Inc., Toronto, New York and London.

[142] A. Lopez (1961), *Problems in Stable Population Theory*, Office of Population Research, Princeton University, Princeton.

[143] A. J. Lotka (1922), The stability of the normal age distribution, *Proc. Nat. Acad. Sci.* **8**, 339–345.

[144] A. J. Lotka (1939a), On an integral equation in population analysis, *Ann. Math. Stat.* **10**, 144–161.

[145] A. J. Lotka (1939b), *Théorie Analytique des Associations Biologiques. Deuxième Partie: Analyse Démographique avec Application Particulière è l'Espèce Humaine.* (Actualités Scientifiques et Industrielles, No. 780), Hermann et Cie, Paris. [English translation: A. J. Lotka, *Analytical Theory of Biological Populations*, The Plenum Series on Demographic Methods and Population Analysis, Plenum Press, New York and London 1998.]

[146] P. Magal and S. Ruan (eds.) (2008), *Structured Population Models in Biology and Epidemiology*, Mathematical Biosciences Subseries 1936, Springer-Verlag, Berlin Heidelberg.

[147] P. Magal and S. Ruan (2009), *Center Manifolds for Semilinear Equations with Non-dense Domain and Applications to Hopf Bifurcation in Age Structured Models*, Memoirs of the American Mathematical Society Nr. 951, American Mathematical Society.

[148] P. Magal, C. C. McCluskey and G. F. Webb (2010), Lyapunov functional and global asymptotic stability for an infection-age model, *Applicable Analysis* **89**(7), 1109–1140.

[149] T. R. Malthus (1798), *An Essay on the Principle of Population*, First edition, London.

[150] C. C. McCluskey (2012), Global stability for an SEI epidemiological model with continuous age-structure in the exposed and infectious classes, *Math. Biosci. Eng.* **9**(4), 819–841.

[151] A. G. McKendrick (1926), Application of mathematics to medical problems, *Proc. Edinburgh. Math. Soc.* **44**, 98–130.

[152] A. V. Melnik and A. Korobeinikov (2013), Lyapunov functions and global stability for SIR and SEIR models with age-dependent susceptibility, *Math. Biosci. Eng.* **10**(2), 369–378.

[153] J. A. J. Metz (1978), The epidemic in a closed population with all susceptibles equally vulnerable; some results for large susceptible populations and small initial infections, *Acta Biotheoretica* **27**(1/2), 75–123.

[154] J. A. J. Metz and O. Diekmann (1986), *The Dynamics of Physiologically Structured Populations*, Lecture Notes in Biomathematics 68, Springer-Verlag: Berlin.

[155] R. K. Miller (1971), *Nonlinear Volterra Integral Equations*, Benjamin, Menlo Park.

[156] F. A. Milner and G. Rabbiolo (1992), Rapidly converging numerical methods for models of population dynamics, *J. Math. Biol.* **30**, 733–753.

[157] D. Mollison (ed.) (1995), *Epidemic Models: Their Structure and Relation to Data*, Cambridge University Press, Cambridge.

[158] 森田優三 (1944), 『人口増加の分析』, 日本評論社, 東京.

[159] H. Nishiura, K. Dietz and M. Eichner (2006), The earliest notes on the reproduction number in relation to herd immunity: Theophil Lotz and smallpox vaccination, *J. theor. Biol.* **241**, 964–967.

[160] H. Nishiura and H. Inaba (2007), Discussion: Emergence of the concept of the basic reproduction number from mathematical demography, *J. theor. Biol.* **244**, 357–364.

[161] H. T. J. Norton (1928), Natural selection and Mendelian variation, *Proc. Lond. Math. Soc.* **28**, 1–45.

[162] B. Perthame (2007), *Transport Equations in Biology*, Birkhäuser Verlag, Basel.

[163] J. H. Pollard (1973), *Mathematical Models for the Growth of Human Populations*, Cambridge University Press, Cambridge.

[164] S. H. Preston and A. J. Coale (1982), Age structure, growth, attrition, and accession: A new synthesis, *Population Index* **48**(2), 217–259.

[165] L. Rass and J. Radcliffe (2003). *Spatial Deterministic Epidemics*, American Mathematical Society.

[166] J. Reddingius (1971), Notes on the mathematical theory of epidemics, *Acta Biotheoretica* **20**, 125–157.

[167] C. Rorres (1976), Stability of an age specific population with density dependent fertility, *Theor. Popul. Biol.* **10**, 26–46.

[168] C. Rorres (1979a), Local stability of a population with density-dependent fertility, *Theor. Pop. Biol.* **16**, 283–300.

[169] C. Rorres (1979b), A nonlinear model of population growth in which fertility is dependent on birth rate, *SIAM J. Appl. Math.* **37**(2), 423–432.

[170] J. Roughgarden (1996), *Theory of Population Genetics and Evolutionary Ecology: An Introduction*, Prentice Hall, Upper Saddle River, NJ.

[171] M. Saleem (1983), Predator-prey relationships: egg-eating predators, *Math. Biosci.* **65**, 187–197.

[172] M. Saleem (1984), Egg-eating age-structured predators in interaction with age-structured prey, *Math. Biosci.* **70**, 91–104.

[173] P. A. Samuelson (1976), Resolving a historical confusion in population analysis, *Human Biology* **48**, 559–580.

[174] D. Schenzle (1984), An age structured model for pre and post-vaccination measles transmission, *IMA J. Math. Appl. Med. Biol.* **1**, 169–191.

[175] O. Scherbaum and G. Rasch (1957), Cell size distribution and single cell growth in Tetrahymena pyriformis GL, *Arch. Pathol. Microbiol. Scand.* **41**, 161–182.

[176] F. R. Sharpe and A. J. Lotka (1911), A problem in age-distribution, *Philosophical Magazine*, Series 6, **21**, 435–438.

[177] D. Smith and N. Keyfitz (1977), *Mathematical Demography: Selected Papers*, Springer-Verlag, Berlin.

[178] H. L. Smith and H. R. Thieme (2011), *Dynamical Systems and Population Persistence*, Graduate Studies in Mathematics 118, American Mathematical Society, Providence, Rhode Island.

[179] W. Streifer (1974), Realistic models in population ecology, In *Advances in Ecological Research*, A. Macfadyen (ed.), vol. 8, Academic Press, New York.

[180] K. E. Swick (1980), Periodic solutions of a nonlinear age-dependent model of single species population dynamics, *SIAM J. Math. Anal.* **11**(5), 901–910.

[181] K. E. Swick (1981), Stability and bifurcation in age-dependent population dynamics, *Theor. Pop. Biol.* **20**, 80–100.

[182] H. R. Thieme (1977a), A model for the spatial spread of an epidemic, *J. Math. Biol.* **4**, 337–351.

[183] H. R. Thieme (1977b), The asymptotic behaviour of solutions of nonlinear integral equations, *Math. Z.* **157**, 141–154.

[184] H. R. Thieme (1984a), Renewal theorems for linear discrete Volterra equations, *J. Reine Angew. Math.* **353**, 55–84.

[185] H. R. Thieme (1984b), Renewal theorems for linear periodic Volterra integral equations, *J. Inte. Equ.* **7**, 253–277.

[186] H. R. Thieme (1988), Asymptotic proportionality (weak ergodicity) and conditional asymptotic equality of solutions to time-heterogeneous sublinear difference and differential equations, *J. Diff. Equ.* **73**, 237–268.

[187] H. R. Thieme (1990), Semiflows generated by Lipschitz perturbations of non-densely defined operators, *Differential and Integral Equations* **3**(6), 1035–1066.

[188] H. R. Thieme (1991a), Analysis of age-structured population models with additional structure, In *Mathematical Population Dynamics*, O. Arino, D. E. Axelrod and M. Kimmel (eds.), Marcel Dekker, New York, pp.115–126.

[189] H. R. Thieme (1991b), Stability change for the endemic equilibrium in age-structured models for the spread of S-I-R type infectious diseases, In *Differential Equation Models in Biology, Epidemiology and Ecology*, Lec. Notes in Biomath. 92, Springer, Berlin, pp.139–158.

[190] H. R. Thieme and C. Castillo-Chavez (1989), On the role of variable infectivity in the dynamics of the human immunodeficiency virus epidemic, In *Mathematical and Statistical Approaches to AIDS Epidemiology*, C. Castillo-Chavez (ed.), Lect. Notes Biomath. 83, Springer-Verlag, Berlin, pp.157–176.

[191] H. R. Thieme and C. Castillo-Chavez (1993), How may infection-age-dependent infectivity affect the dynamics of HIV/AIDS ?, *SIAM J. Appl. Math.* **53**(5), 1447–1479.

[192] H. R. Thieme (2003), *Mathematics in Population Biology*, Princeton University Press, Princeton. [邦訳：ホルスト・R・ティーメ, 齋藤保久監訳『生物集団の数学 (上)(下) 人口学, 生態学, 疫学へのアプローチ』日本評論社, 東京 (2006, 2008).]

[193] H. R. Thieme (2009), Spectral bound and reproduction number for infinite-dimensional population structure and time heterogeneity, *SIAM J. Appl. Math.* **70**(1), 188–211.

[194] S. L. Tucker and S. O. Zimmerman (1988), A nonlinear model of population dynamics containing an arbitrary number of continuous structure variables, *SIAM J. Appl. Math.* **48**(3), 549–591.

[195] D. W. Tudor (1985), An age-dependent epidemic model with applications to measles, *Math. Biosci.* **73**, 131–147.

[196] P. F. Verhulst (1838), A note on the law of population growth, *Correspondence Mathématique et Physique Publiée par A. Quetelet*, **10**, Brussels.

[197] H. Von Foerster (1959), Some remarks on changing populations, In *The Kinetics of Cellular Proliferation*, Grune and Stratton, New York, pp.382–407.

[198] J. Wallinga and M. Lipsitch (2007), How generation intervals shape the relationship between growth rates and reproductive numbers, *Proc. Royal Soc. B* **274**, 599–604.

[199] P. Waltman (1974), *Deterministic Threshhold Models in the Theory of Epidemics*, Lec. Notes Biomath. 1, Springer, Berlin.

[200] G. F. Webb (1981), Nonlinear semigroups and age-dependent population models, *Annali di Mathematica Pura et Applicata*, Sr 4, **129**, 43–55.

[201] G. F. Webb (1984), A semigroup proof of the Sharpe-Lotka theorem, In *Infinite-Dimensional Systems*, F. Kappel and W. Schappacher (eds.), Lec. Notes Math. 1076, Springer, Berlin, pp.254–268.

[202] G. F. Webb (1985), *Theory of Nonlinear Age-Dependent Population Dynamics*, Marcel Dekker, New York and Basel.

[203] G. F. Webb (1987), An operator-theoretic formulation of asynchronous exponential growth, *Trans. Amer. Math. Soc.* **303**(2), 751–763.

[204] G. F. Webb (1993), Asynchronous exponential growth in differential equations with homogeneous nonlinearities, In *Differential Equations in Banach Spaces*, G. Dore, A. Favini, E. Obrecht and A. Venni (eds.), Lecture Notes in Pure and Applied Mathematics 148, Dekker, New York, pp.225–233.

[205] G. F. Webb (1993/94), Asynchronous exponential growth in differential equations with asymptotically homogeneous nonlinearities, *Advances in Mathematical Sciences and Applications*, **3**, 43–55.

[206] G. F. Webb (2004), Structured population dynamics, In *Mathematical Modelling of Population Dynamics*, R. Rudnicki (ed.), Banach Center Publication 63, Warszawa, pp.123–163.

索引

ア行

アリー 51
　——効果 51
安定 73, 180
　——人口モデル 11
　——年齢分布 35
閾値現象 124, 159
1次同次システム 120
一般化安定人口モデル 42
エルゴード的 43
エンデミック 124
オイラー 26

カ行

回復率 123
活動的 160
　——な人口 160
環境容量 52
感受性人口 122, 126
感染症流行のない定常状態 166
感染性 123
　——人口 122, 126
感染年齢 148
感染力 123
基本再生産数 8, 134, 166
強エルゴード性 43
強エルゴード的 44
極限システム 75
ギレンベルグ 26
クチンスキー 28
ケルマック 148
ケルマック–マッケンドリックのS-I-Rモデル 123
攻撃率 69
後退分岐 138
コーエン 49
孤立 5

コール–ロペスの定理 49

サ行

最終規模 159
　——方程式 159
再生方程式 13
サムエルソン 28
次世代作用素 136
持続解 35
持続的 170
実効再生産数 190
実年齢 148
死亡率 5
自明な初期条件 105
自明な初期年齢プロファイル 31
弱エルゴード性 43
弱エルゴード的 45
シャープ–ロトカ–フェラーの定理 28
収束座標 173
出生率 5
寿命 8
純再生産関数 8
純再生産率 8
純粋なロジスティックモデル 52, 89
除去された人口 122, 126
除去率 123
処理時間 69
人口 1
人口学 1
　——の基本定理 28
垂直感染 133
垂直伝達 127
性差 5
成熟年齢 65
生存率 7
世代間 128, 133
世代内 128, 131
接触率 123

漸近安定（漸近的に安定） 73, 180
潜在的な犠牲者 69
全人口数 29
前方分岐 138
総死亡率 7
総出生率 6
総繁殖価 25
粗死亡率 7
粗出生率 7

タ 行

チャールズワース 49
ティーメ 43
動態率 7
突発 124
共食い 67
　——活動性 69
　——個体 69

ナ 行

内的自然増加率 25
内的マルサスパラメータ 25
年齢 1
　——シフト 65
　——プロファイル 29
　——別死亡率 7
　——別出生率 6
　——密度関数 6
ノートン 49

ハ 行

バーコフ 49
パーシステンス 106, 170
繁殖価 25
非自明なデータ 23
非自律的 36

不安定 73
フィッシャー 25
フィボナッチ 2
　——数列 2
　——のウサギ増殖モデル 27
フェアフルスト 52
　——・モデル 52
フォン・ボルトキェビッチ 28
フォン・フォレスター方程式 11
符号関係 137
不変の居住環境 5
分離可能モデル 109
分離混合 138
ベック 28
ホップ分岐 94

マ 行

マッケンドリック 5, 11, 148
　——方程式 11
マルサス 2
　——パラメータ 2
　——モデル 2
森田優三 28

ラ 行

ラ・サールの不変性原理 121
臨界人口規模 158
レオナルド・ピサノ 2
ロジスティック効果 52
ロス 5
ロトカ 5, 11
　——の特性方程式 25
　——の方程式 13
　——–マッケンドリックシステム 10
　——–マッケンドリック方程式 5

著者略歴

ミンモ・イアネリ (Mimmo Iannelli)
　１９４６年　生まれる
　１９６８年　ローマ大学卒業
　現　　在　トレント大学教授
　主要著書　*An Introduction to Mathematical Population Dynamics: Along the trail of Volterra and Lotka* (Springer, 2014),
　　　　　　The Basic Approach to Age-Structured Population Dynamics: Models, Methods and Numerics (Springer, 2017)

稲葉　寿（いなば・ひさし）
　１９５７年　生まれる
　１９８２年　京都大学理学部数学系卒業
　現　　在　東京大学大学院数理科学研究科教授，Ph.D.
　主要著書　『数理人口学』（東京大学出版会，2002），
　　　　　　Age-Structured Population Dynamics in Demography and Epidemiology (Springer, 2017)

國谷紀良（くにや・としかず）
　１９８５年　生まれる
　２０１３年　東京大学大学院数理科学研究科博士後期課程修了
　現　　在　神戸大学大学院システム情報学研究科准教授，
　　　　　　博士（数理科学）

人口と感染症の数理　　年齢構造ダイナミクス入門

　　　　　　2014 年　5 月 22 日　初　　版
　　　　　　2020 年　7 月　3 日　第 2 刷
　　　　　　　　　［検印廃止］

　著　者　ミンモ・イアネリ，稲葉 寿，國谷紀良
　発行所　一般財団法人 東京大学出版会
　　　　　代表者 吉見俊哉
　　　　　153-0041 東京都目黒区駒場 4-5-29
　　　　　電話 03-6407-1069　　Fax 03-6407-1991
　　　　　振替 00160-6-59964
　　　　　URL http://www.utp.or.jp/
　印刷所　三美印刷株式会社
　製本所　牧製本印刷株式会社

ⓒ2014 Mimmo Iannelli *et al.*
ISBN 978-4-13-061309-5 Printed in Japan

[JCOPY]〈出版者著作権管理機構 委託出版物〉
本書の無断複写は著作権法上での例外を除き禁じられています．複写される場合は，そのつど事前に，出版者著作権管理機構（電話 03-5244-5088, FAX 03-5244-5089, e-mail: info@jcopy.or.jp）の許諾を得てください．

数理人口学	稲葉 寿	A5/5600 円
現象数理学入門	三村昌泰編	A5/3200 円
エッシャー・マジック だまし絵の世界を数理で読み解く	杉原厚吉	A5/2800 円
非線形・非平衡現象の数理 1 リズム現象の世界	蔵本由紀編	A5/3400 円
数学の現在 i, π, e（全3巻）	斎藤・河東・小林編	A5/i, π : 2800 円 e : 3000 円
生命保険数学の基礎［第3版］ アクチュアリー数学入門	山内恒人	A5/3900 円

ここに表示された価格は本体価格です．御購入の
際には消費税が加算されますので御了承下さい．